男孩，你要懂得保护自己

套装升级版 身体篇

王昊泽 —— 编著

中国纺织出版社有限公司

内 容 提 要

现代社会中，越来越多的父母对孩子寄予厚望，希望孩子成龙成凤，也迫不及待地对孩子委以重任。其实，要想让孩子实现自己的理想，创造属于自己的精彩人生，当务之急不仅是对孩子进行各种素质教育，而且要让孩子学会保护自己，尤其是保护好自己的身体，保证自己的生命安全。

本书以保护男孩的身体为主要内容，阐述了男孩要想保护好身体，应该注意哪些方面，做好哪些方面。这本书既适合父母阅读之后教会男孩保护自己的身体，也适合男孩亲自阅读，了解自我保护的方方面面。

图书在版编目（CIP）数据

男孩，你要懂得保护自己：套装升级版．身体篇／王昊泽编著．－－北京：中国纺织出版社有限公司，2023.8
　　ISBN 978-7-5180-9330-4

Ⅰ．①男… Ⅱ．①王… Ⅲ．①男性—青春期—健康教育 Ⅳ．① G479

中国版本图书馆 CIP 数据核字（2022）第 020414 号

责任编辑：刘桐妍　　责任校对：高　涵　　责任印制：储志伟

中国纺织出版社有限公司出版发行
地址：北京市朝阳区百子湾东里A407号楼　邮政编码：100124
销售电话：010—67004322　传真：010—87155801
http://www.c-textilep.com
中国纺织出版社天猫旗舰店
官方微博 http://weibo.com/2119887771
唐山富达印务有限公司印刷　各地新华书店经销
2023年8月第1版第1次印刷
开本：710×1000　1/16　印张：32
字数：414千字　定价：108.00元（全4册）

凡购本书，如有缺页、倒页、脱页，由本社图书营销中心调换

前 言

新生命从呱呱坠地到牙牙学语,再到蹒跚学步,最终长大,并不是一件简单容易的事情。尤其是对于男孩来说,在成长的过程中,他们的变化是非常大的。也许妈妈还记得男孩在小学阶段不修边幅、邋里邋遢的模样,但是男孩已经进入初中,仿佛一夜之间,他们开始注重自己的形象,想要把自己打造得更加完美。在这种情况下,父母对于孩子的关注点应该从照顾孩子的吃喝拉撒,到关注孩子身体的快速成长与心灵的急剧变化。

很多父母很少关注孩子的成长,他们对孩子的认知始终停留在小时候,认为孩子和小时候一样懵懂无知,殊不知孩子长高了,长出喉结了,声音变得沙哑了,还长出了胡须,他们的力量越来越大。当看到孩子这些改变的时候,父母应该与时俱进地和孩子一起去改变,认识更新的孩子。虽然看到孩子长大,父母会感到欣慰,但是在欣慰之余,父母也应该关注孩子的安全问题,毕竟孩子不再只被守护在家里,也不再是始终跟在父母身边的小尾巴。他们不断地成长,活动半径越来越大,开始进入到更为广阔的天地里,所以父母要对孩子进行安全教育,让孩子在任何时候都能够保护好自己。

在安全教育的诸多方面中,身体的安全是第一位的,因为身体的安全就是生命的安全。父母要培养孩子生命第一的观念,在任何时候,当任何事情与生命发生冲突,需要作出选择的时候,孩子都应该毫不迟疑地选择保全生命。俗话说,留得青山在,不怕没柴烧。只有拥有健康的生命,孩子在成长中才能收获更多的快乐。

在生命安全教育中,需要注意的细节是非常多的。在这本书里,我们列举了孩子的身体安全关系到的方方面面,进行了详细周到的阐述。在每一节中,我们都列举了具有现实意义的事例，辅助父母和孩子加深对身体安全的了解。

面对即将步入成人世界的孩子，父母不应该再把孩子禁锢在自己的身边，不让孩子接触外面的世界，而是要教会孩子保护自己的方法，让孩子成为一个充满智慧、充满朝气的年轻人，大步流星地走向属于他们的天地，真正地飞向属于他们的高远天空。

编著者

2022年10月

目 录

1 无论何时，生命安全高于一切

- 每个男孩都是父母的心肝宝贝　　002
- 面对生命，无须选择　　005
- 及早培养男孩的自我保护意识　　008
- 经常进行安全演练，危险发生有备无患　　011
- 学会拒绝，坚决保护自己的生命安全　　014

2 关注成长小细节，为男孩的健康保驾护航

- 不挑食，不偏食　　020
- 保护好牙齿，吃嘛嘛香　　023
- 有脚臭怎么办　　025
- 长高也是有秘诀的　　028
- 抬头挺胸，姿态挺拔　　030
- 男孩也需要保养皮肤　　032
- 卧室干净整洁，身心健康愉悦　　036

3 身体成长的变化，无须担忧

- 我的声音怎么变了 　　　　　　　　　　040
- 我的脖子上长了个东西 　　　　　　　　043
- 我是"毛猴子" 　　　　　　　　　　　045
- 长胡子了怎么办 　　　　　　　　　　　048
- 男孩爱出汗，体味惹人烦 　　　　　　　051
- 我怎么有白头发了 　　　　　　　　　　054
- 男孩的乳房也会发育吗 　　　　　　　　057
- 男孩为何不如女孩高 　　　　　　　　　059
- 男孩很瘦弱会被"欺负"吗 　　　　　　062

4 私密地带，羞答答的问题这里找答案

- 男孩的私密问题 　　　　　　　　　　　068
- 我的床单怎么湿了 　　　　　　　　　　071
- 阴茎又红又痒是性病吗 　　　　　　　　074
- 男孩不可不知的包皮与包茎 　　　　　　077

5 居家生活有隐患，安全问题不忽视

- "电"是大老虎 　　　　　　　　　　　082

- 水火无情要防范　　　　　　　　　　085
- 小小男孩，远离燃气　　　　　　　　088
- 小心使用家用电器　　　　　　　　　090
- 不要攀爬柜子　　　　　　　　　　　093
- 乘坐私家车的安全事项　　　　　　　095

6

发生意外，男孩镇定从容才能保命

- 地震来临怎么办　　　　　　　　　　100
- 发生火灾怎么办　　　　　　　　　　103
- 爬山摔伤怎么办　　　　　　　　　　107
- 发生交通意外怎么办　　　　　　　　110
- 男孩与人打架怎么办　　　　　　　　113
- 游玩走失怎么办　　　　　　　　　　116

- 参考文献　　　　　　　　　　　　　119

1

无论何时,生命安全高于一切

很多人都认为女孩是非常脆弱的,需要他人的保护,实际上男孩也同样脆弱。任何时候,生命都是最宝贵的,为了避免周围环境中的人和事给自己带来不良的影响,或者对自己造成伤害,男孩一定要学会保护自己,始终牢记生命安全高于一切的原则。唯有做到这一点,男孩才能真正地走向成熟。

■ 每个男孩都是父母的心肝宝贝

小故事

小凯刚刚上初中一年级，在进入新学校之后，他感到非常好奇，每天放学之后都不愿意离开学校，常常背着书包在校园里转来转去。在放学之后很短的时间内，大多数学生就都已经回家了，学校里的人非常少，只有一些高年级的学生会逗留在学校里。

这一天，小凯正背着书包在操场上玩呢，一个高年级的学生走过来对小凯说："小弟弟，你可以帮我个忙吗？我的桌子在教室里，很沉，我想把桌子抬到其他地方，但是一个人抬不动。你能帮我一起抬吗？"看到这个男生面目可亲，小凯正准备答应他的请求，突然想到妈妈告诉过他，要注意保护自己，因而他当即环顾四周，对这个男生说："对不起啊，大哥哥，我是刚刚升入初一的新生，对这个学校还不熟悉呢。妈妈告诉我，不能跟陌生人到陌生的地方，尤其是到封闭的空间里去。我想，如果你想让我帮忙，可以再喊一个同学，我会和他一起帮助你的。"

听到小凯的话，这个男生忍不住笑起来，情不自禁地对小凯竖起了大拇指，他对小凯说："既然如此，那我就不打扰你了，我还是等明天早上同学们都来上学之后，再和我的同学一起抬桌子吧。"说着，他就离开了。

 **分析**

在这个事例中,小凯的自我保护意识是很强的。虽然对方是男孩,他也是男孩,而且是在学校的环境中,但是既然已经放学了,学校里的人很少,老师们下班了,同学们也都回家了,所以小凯还是要注意保护自身安全的。虽然小凯有可能误会了这位高年级的同学,对方并没有恶意,但是小凯周到地保护自己,总比盲目地跟随这位男孩进入封闭的教室空间更好。否则一旦发生危险,小凯可就追悔莫及了。

也许有的男孩看到这里会问:我们不是应该乐于助人吗?为何要拒绝他人的请求呢?的确,我们要帮助他人,但是这并不意味着我们要忽略保护自己。很多男孩都自认为是男子汉,却从小到大都被父母保护得非常周到严密,这使得他们始终生活在安全的环境里,所以极度缺乏安全意识。

俗话说,害人之心不可有,防人之心不可无。不管是男孩还是女孩,在学校与人相处时,都应该尽量待在公共的场所,在人群之中,而不要让自己与陌生人或者是虽然熟悉却并不了解的人进入到密闭的空间里。只有坚持这么做,男孩才能最大限度地避免遭遇危险。

解决方案

有些男孩虽然懂得拒绝同学、朋友的请求,但还不懂得拒绝老师的请求。尤其是在学校里,孩子们往往非常尊敬老师,哪怕是对于不认识的、陌生的老师,他们也会非常热情地帮助对方。具体来说,对老师的请求,以及对他人的请求,男孩应该做到以下几点。

首先,听到他人提出请求,男孩不要急于答应,而是要认真地想一想,帮助他人是否会给自己带来危险,也要仔细地考量自己要去的地方是否足够安全。

其次，即使我们要做乐于助人的孩子，也不能对他人言听计从。尤其是在面对高年级同学或者老师、长辈时，我们更不能完全听从他们的要求。有的时候，他们的要求是合理的，我们应该积极地满足；有的时候，他们的要求是不合理的，我们要学会勇敢地拒绝。很多父母都会特意叮嘱女孩不要与陌生的异性进入封闭的空间，实际上，对于男孩而言，也不能与陌生的异性或者是同性进入封闭空间，否则一旦遇到危险，就逃无可逃。

俗话说，小心驶得万年船。如果我们一不小心落入了坏人的魔爪，或者置身于危险之中而无法顺利逃脱，那么就会追悔莫及了。即使男孩身强体壮，也应该时刻注意保护自己。

总而言之，每个人都应该小心谨慎地保护好自己。虽然有的时候我们需要敞开心扉接纳他人，但是在大多数情况下，我们都要坚信路遥知马力，日久见人心。对于那些素不相识或者是刚刚认识不久的人，我们更是要多留一个心眼，以免因为疏忽大意，而对自己造成不可挽回的伤害。

小贴士

每个男孩都是父母的心肝宝贝，每个男孩都应该切实地保护好自己。从男孩的角度来说，要提升自己的安全意识，掌握更多的自我保护措施和技巧；从父母的角度来说，不要只顾着疼爱和无微不至地照顾孩子，而是要有意识地给孩子传授一些自我保护的技巧，提升孩子自我保护的意识，尤其是要让孩子具备自我保护的能力。这样孩子才能离开父母的身边，飞到更为广阔高远的天空中，快乐地成长。

■ 面对生命，无须选择

小故事

周末晚上，爸爸陪着佳佳一起看电视节目。这是一档真实的纪录片，记录了警察这份职业多么危险，多么艰辛。尤其是在看到警察和劫匪进行枪战的时候，佳佳更是情不自禁地感慨道："哇，警察太酷了！我也想当警察。"听到佳佳这么说，爸爸灵机一动，问佳佳："如果现在你的面前有一个坏人，正当着你的面做坏事，你会怎么办呢？"

佳佳对爸爸的问题显然没有完全理解，他瞪大眼睛看着爸爸。爸爸继续解释道："例如，在公交车上，你看到前面有一个人正在偷东西，你是会大声地喊叫，还是会以其他方式解决问题呢？"佳佳反问道："除了喊叫之外，还有别的办法吗？"爸爸听到佳佳的回答，担忧地皱起了眉头，问："佳佳，你想想，你如果喊叫，会有什么后果呢？"佳佳仔细地想了想，说："歹徒很有可能冲上来捅我一刀。"

爸爸重重地点点头，说："你说得很对。人们常说穷凶极恶，就是因为有些人被逼到了绝路，没有别的办法，只好鱼死网破。我认为，你还有更好的方法解决问题。"

佳佳疑惑地看着爸爸，爸爸对佳佳说："不管什么时候，遇到什么情况，都要始终牢记生命第一的原则。一个人只有在拥有生命的情况下，才能做很多有意义的事情，如果失去了宝贵的生命，他就不能做任何事情了。所以，不要让自己的生命面临威胁，因为这是会导致生命受到损害的。"

听了爸爸的话，佳佳感慨不已。这个时候，佳佳想到了一个很好的办法，他当即对爸爸说："我可以发微信给你，让你报警，告诉你公交车所在的位置。"爸爸点点头说："这个办法很好，既不会惊动小偷，又能够及时控制小偷。但是如果小偷偷完了钱包，很快就离开呢？"

佳佳说："那么，我也许会假装打电话提醒小妹妹，坐公交车的时候注意安全，因为公交车上会有小偷。"说着，佳佳又疑惑地问爸爸："如果我这么说，小偷会不会冲上来捅我一刀？"

爸爸说："你可以旁敲侧击地提醒车上的乘客更加小心。你注意到没有，在很多长途车上，售票员或者是司机每隔一段时间就会提醒大家小心钱包。其实，说不定是因为他们认识这个线路上的小偷，看到小偷上车了，所以才以这种方式提醒大家多多注意。"佳佳认为爸爸说得很有道理。

爸爸又问了佳佳一个问题："那么，如果你不小心遇到了劫匪，劫匪向你要钱，你又该怎么办？这个时候，你不再是一个旁观者，而是成了受害者，你会疯狂地喊叫，或者与劫匪厮打吗？"

佳佳此前得到了爸爸的指点，因而摇了摇头，说："虽然钱很重要，但是生命更重要。我想，我会把钱给劫匪，只要能够稳住他，让他不要伤害我，我就能找到机会逃跑或者是获救。"对于佳佳的回答，爸爸感到非常满意，忍不住露出了笑容。

现实生活中，很多父母都没有意识到要对孩子进行安全教育。在这个事例中，爸爸对佳佳进行的安全教育是非常成功的，因为他是和佳佳一起看了纪实

节目之后在特别有感触的情况下对佳佳开展教育的，因而引导佳佳说出了最正确的应对方式。

解决方案

很多小偷或者是劫匪在抢劫的时候之所以会杀人，并不是因为他们原本就想要谋财害命，很有可能他们最初的目的是谋取钱财，而不是为了杀害生命。如果受害者能够保持理性，不要为了守护钱财激怒犯罪者，那么他们也许就能活下来。

具体来说，要想始终遵循生命第一的原则，我们就要做到以下几点。

首先，认识到生命的宝贵。对于每个人而言，生命只有一次，在遭遇危险的时刻，我们一定要保持清醒和理性。哪怕会损失一些钱财，我们也不要因此与犯罪分子发生正面冲突，在危急情况下，舍财保命才是明智的选择。

其次，在家里面对小偷或者是劫匪的时候，可以跑到一个封闭的房间里，把房门反锁起来保护自己。如果手边有电话，要立即打电话报警；如果手边没有电话，可以通过窗户等与外界连通的地方向路人求助，让路人帮忙报警，这样就能够震慑这些犯罪者，让他们赶紧逃之夭夭。

最后，不管是多么珍贵的财物，都没有人的生命更重要。任何时候，都不要为了保护财物而舍弃宝贵的生命。在这种时候，我们更应该保持冷静，不要因为任何财物而让自己置身于险境。

即使是要做好事，也应该先保护好自身的安全，而不要因为莽撞使自己受到伤害，更害了别人。例如，我们看到同学或朋友遭到他人的威胁，面对生命危险，那么在自身没有足够能力的情况下，不要急于上去施救，或者以吵闹报警的方式激怒对方，而是应该先稳住对方，再找机会向外界求援，这才是明智的选择。

> **小贴士**
>
> 正如保尔·柯察金所说的，生命是最宝贵的，对于每个人只有一次机会。我们应该活得充实精彩，而不能随随便便地浪费宝贵的生命。当我们在生命和各种身外之物之间艰难地进行抉择时，这就意味着我们的思想已经走向了错误的道路。任何东西与生命相比都是不值一提的，我们必须牢记这一点，才能以端正的态度对待生命，才能始终珍惜生命，热爱生命。

■ 及早培养男孩的自我保护意识

> **小故事**
>
> 自从上了四年级，佳佳就不愿意再让爸爸妈妈接他放学了。每天下午放学之后，他会和两个同路的同学一起回家。这一天，走到半路的时候，佳佳发现路边有一家新开的文具店，所以很想进去看看。那两个同学都着急回家写作业，在和佳佳告别之后就赶紧回家了，因而佳佳一个人走入了文具店。
>
> 这个文具店非常大，里面不但有各种各样的文具，还有很多好玩的玩具！佳佳在文具店里转来转去，不知不觉间时间过去了一个小时。这个时候，爸爸妈妈已经下班回家了，但是他们左等右等也没有等到佳佳，非常着急。妈妈更是心急如焚，不停地催促爸爸赶紧出去找佳佳。爸爸先打电话联系了每天和佳佳同路回家的同学，同学都说佳佳去文

具店了，爸爸这才赶紧奔向了文具店。到了文具店附近，爸爸隔着老远就看到佳佳慢慢吞吞地走出了文具店，手里还拿着棒棒糖正在吃呢。爸爸冲上前去对佳佳说："佳佳，你怎么到现在还不回家呢？"

佳佳对爸爸说："今天，这个文具店刚刚开业，店里正在进行促销呢！我进去逛了一圈。文具店的售货员看到我在里面逛了很长时间，却没钱买东西，就送了我一个棒棒糖。"

听了佳佳的话，爸爸当即提醒佳佳："陌生人给的东西能吃吗？"佳佳问爸爸："这个阿姨就是店里的营业员啊，也算陌生人吗？"爸爸忍不住批评佳佳："你怎么知道这个阿姨就是店里的营业员呢？况且又有谁能保证店里的营业员就一定是好人，不会怀有歹意呢？"在爸爸一连串的提问之下，佳佳意识到自己的错误，羞愧地低下了头。

自从这件事情之后，爸爸非常注重提升佳佳的自我保护意识。渐渐地，佳佳的自我保护意识越来越强，再也没有随意地吃过陌生人给的东西，更不会在放学路上四处乱逛了。

分析

很多男孩的自我保护意识都比较差，就是因为他们一直在父母的保护之下生活无忧，从来没有遇到过任何危险，所以就理所当然地认为世界上的每一个人都充满了善意。当男孩产生这样的想法时，就意味着危险已经渐渐地逼近他们。怎么可能每个人都是好心人呢？虽然我们不能把每个人都认定为坏人，但是我们也应该知道坏人的脑门上并没有写字，所以我们在面对陌生人或者那些不熟悉的人时应该多多留心。即使与比较熟悉的人相处，我们也应该怀有自我保护的意识，这样才能保证自身的安全。

很多男孩都充满了好奇心，他们在看到一些新鲜的人和事时，往往会情不自禁地凑上前去看个热闹。对于男孩来说，这固然是求知欲的表现，却也会带来很多危险。尤其是在社会生活中，在不太熟悉的环境里，男孩更不要因为看热闹而忘记保护自己。

解决方案

只有具有自我保护意识，才能把握好自己与他人之间的距离，从而保护好自己。在2013年，有一个女孩因为好心送孕妇回家，被孕妇的丈夫残忍地奸杀，这是一起震惊社会的恶劣刑事案件。最让人无法接受的是，这个孕妇居然是有预谋地以孕妇的身份作为幌子，吸引女孩回家给她的丈夫发泄兽欲。虽然这件事情发生在女孩身上，但是男孩也应该警钟长鸣。

那么，如何才能够培养男孩的自我保护意识呢？父母应该做到以下几点。

首先，让男孩多多了解社会上的热点新闻。现代社会是网络社会，网络的发展速度非常快，信息传播的速度更快。为了让男孩了解社会上残忍的一面，了解社会生活的复杂性，就要让男孩看更多的社会新闻，尤其是有助于提升男孩自我保护意识的新闻。这样男孩在观看新闻的过程中才会联想到自己，从而积极主动地提升自我保护意识。

其次，男孩一定要信任父母。在发生任何事情的时候，第一时间都要告诉父母；在遇到难题的时候，要学会向父母求助。很多男孩在遇到问题的时候喜欢向同龄人倾诉，殊不知同龄人与男孩一样都还没有成熟，社会经验有限，所以他们和男孩一样不能圆满地处理问题。在这种情况下，同龄人能给男孩出的主意往往非常幼稚，甚至会使事情变得更糟糕。正是基于这一点，父母要成为孩子最坚实的依靠，要给予孩子安全感，要让孩子在遇到危险和困难的时候及时告知自己，这样父母才能及时了解孩子真实的情况，也才能给予孩子有效的帮助。

最后，要教会男孩自我保护的技巧。虽然有些男孩知道应该做好自我保护，但是他们并没有意识到自我保护的重要性，也没有掌握有效的方法。父母与其总是唠唠叨叨地叮嘱男孩要保护自己，不如切实有效地教给男孩一些技巧，让男孩知道在发生各种情况时应该如何应对，这样男孩对自我保护的认识才能从理论上升到实践，也才能发挥自我保护的能力，保证自己的安全。

小贴士

只有父母首先意识到提升男孩自我保护意识的重要性，父母才能够真正地、切实地去做好这件事情。如果父母从来没有想过应该教会男孩进行自我保护，应该提升男孩的自我保护意识，那么他们对男孩的安全教育就会处于空白状态。由此可见，在家庭生活中，父母教育孩子的观念是非常重要的，父母一定要时时更新教育观念，也一定要让教育观念紧跟时代的潮流，得到孩子的认可。

经常进行安全演练，危险发生有备无患

小故事

不管是网络上还是电视报道上，有关学生失联的案件总是不时出现。每当看到这样的案件，父母总是特别揪心，也会非常恐惧。尤其是想到孩子在独自上下学的路上会遇到危险的时候，父母恨不得能够一天24小时都陪伴在孩子身边，守护孩子。

这不，妈妈看到了关于孩子失联的消息寝食难安，没过多久，她又通过网络新闻得知一名女生在美国留学，因为上了一辆黑色的轿车而彻底失踪，迄今都没有找到尸体。妈妈吃晚饭的时候，看着狼吞虎咽的佳佳，情不自禁地想象着：如果佳佳有一天就这样凭空消失了，我该多么痛不欲生啊，甚至根本无法活下去了吧！妈妈原本想把这起留学生失踪案件的始末告诉佳佳，又担心佳佳和以往一样对她的唠叨不以为意，所以她决定对佳佳进行一场实际演练。

下午放学，佳佳刚刚走出校园，就有一辆黑色的轿车停在他的面前。一个叫小张的叔叔对佳佳说："佳佳，还记得我吗？我是你妈妈办公室的同事呀！你刚刚放学吗？我恰好要路过你家小区门口，要不我载你一程吧！"听到叔叔这么说，佳佳面露喜色，毕竟他自己走回家要十五分钟呢，还是挺累的。但是，他突然想起妈妈曾经告诉过他，不能与陌生人或者是不熟悉的人、不应该信任的人进入密闭空间，尤其是轿车等移动的密闭空间。这个时候，佳佳迟疑地摇摇头，对小张叔叔说："不了，不了！叔叔，我正好和同学约了去文具店买文具呢，你先走吧。"说着，佳佳赶紧跑到一个熟悉的同学身边，抱起同学的胳膊，和同学一边聊天一边向前走去。看到佳佳这样的表现，小张叔叔笑了笑，开车离开了。

当天晚上回到家里，妈妈看起来兴高采烈，还做了佳佳最爱吃的糖醋排骨。看到妈妈这样的表现，佳佳丈二和尚摸不着头脑，问妈妈："今天有什么开心的事儿呢？您怎么这么高兴啊？"妈妈说："今天啊，你通过了一场非常重要的考核。我必须做点好菜，咱们全家人庆祝庆祝！"听到妈妈这么说，佳佳更纳闷了。突然之间，佳佳想到了放学时候的事情，恍然大悟地说："原来，今天要接我的小张叔叔是您安排的群众演员呀！"妈妈看到佳佳这么聪明，当即哈哈大笑起来，承认是自己特意安排了一场安全演练。

妈妈语重心长地对佳佳说："经过这次演练，我认为你的安全意识还是很强的，记住了妈妈告诉你的不能与陌生人或者不熟悉的人进入封闭的移动空间，这一点非常好。而且，你还及时地与同学在一起，和同学互相保护，这一点也非常好。以后啊，妈妈希望你能掌握更多的安全技巧，能够更好保护自己和同学。"佳佳用力地点点头。

分析

大多数父母在对孩子进行安全教育的时候，都以说教的方式对孩子反复唠叨，让孩子记住很多安全常识，殊不知这么做的效果是极其糟糕的。因为孩子都有逆反心理，当父母总是对他们说同样的话时，他们因为逆反，反而会刻意地忽略或者是忘记父母所说的话，这使得安全教育的效果大打折扣。明智的父母在对孩子进行安全教育的时候，除了要做到理论教育，还应该做到实践教育。例如，进行安全演练就是一种非常好的实践教育方式。

安全演练可以分为两种方式。一种是在孩子知情的情况下进行安全演练，这就像是在模拟情境，让孩子通过表演加深对安全知识的印象。另一种是在孩子不知情的情况下，对孩子进行安全考验。例如，事例中妈妈委托小张叔叔接佳佳放学，就是在考验佳佳能否拒绝小张叔叔不合理的邀请。幸运的是，佳佳达到了妈妈的预期。

解决方案

在有条件的情况下，我们可以和老师、同学以及父母一起进行安全演练，这些安全演练虽然看起来很幼稚，但是当真正遇到危险的时候，我们就会发现只是靠着嘴巴说和耳朵听进行安全教育是更为敷衍的，只有真正地把安全教育落到实处，才能起到事半功倍的效果。

首先，进行安全演练的时候要找到合适的场地。有些父母在家里和孩子进行安全演练，这样对孩子而言并不能够起到良好的作用，因为熟悉的家庭环境会使孩子始终认为自己处于假装的状态，所以他们心里并不会感到紧张。在遇到问题的时候，因为知道自己不会真正发生危险，所以他们也就不会运用所有的智慧去思考和解决问题。

其次，在进行安全演练之前，可以先针对不同的情况制订安全步骤。要记住，父母配合孩子进行安全演练的目的并不是刁难孩子，而是为了让孩子知道一旦发生危险，应该如何应对。那么，提前制订安全步骤，让孩子对安全步骤烂熟于心，在此基础上再进行演练，孩子就能够把安全演练做得得心应手。

最后，在进行演练的过程中，我们应该以自身的性格、年龄、性别、能力范围等为基础条件，进行相应的演练，切勿做出超越自己能力范围的事情，否则非但不能达到演练的预期效果，反而会因此而受到意外伤害，这对我们而言当然是非常糟糕的。在演练的过程中，切勿眼高手低，总是试图挑战自己的极限，因为演练的目的是让我们避免危险的发生，而不是让我们迎接危险的到来。凡事都要未雨绸缪，如果我们以演练的方式，避免了危险真正发生，那么我们的演练就是成功的。

■ 学会拒绝，坚决保护自己的生命安全

小故事

学校马上就要进行秋季运动会了，为了能够在长跑项目中获得好

名次，老师劝说小凯参加长跑项目。原来，小凯是班级里最高的孩子，所以老师理所当然地认为小凯的腿是最长的，只要步伐跟得上，就一定能够跑赢其他选手。然而，跑步并不像老师想得那么简单，小凯很清楚自己每次上体育课参加跑步训练时都感到非常难受，所以他很想拒绝老师，但是看着老师充满希望的眼神，他又犹豫了，不知道应该如何拒绝。

当天晚上回到家里，小凯把要开运动会的事情告诉了爸爸妈妈，还对爸爸妈妈抱怨道："真是倒霉呀，老师非让我去参加长跑！我根本就不想参加长跑，实在是太难受了，肺就像变成了一个破烂风箱一样呼哧呼哧的，嘴里还喘着粗气。我如果跑不了冠军，同学们还会责怪我。"

看到小凯这么烦恼，妈妈问小凯："小凯，你跑步之后真的很难受吗？是正常的疲惫，还是身体的确不能承受跑步的强度呢？"小凯认真地想了想，对妈妈说："我感觉心脏像是要从嘴巴里跳出来一样，而且胸口也非常憋闷。有的时候，我还会有心痛的感觉。"

听到小凯这么说，妈妈当即一本正经地叮嘱小凯："虽然长跑拼的是耐力，但是并非所有人都适合长跑。不管是进行长跑还是短跑，你千万不要逞强，你要捕捉到身体给你发出的各种信号，要正视身体的各种感受。一旦身体感到不适，就要及时停下来，这样才能保证生命安全。有些孩子因为逞能跑步，结果还没跑完步呢，就发生了猝死，这让父母可怎么活呀？所以如果你真的特别不想进行长跑，可以找老师换一个项目，例如立定跳远或者是撑杆跳等项目，这些项目都可以主动报名。你只要积极参与集体活动，力所能及地争取得到好成绩，这就够了。"

听到妈妈说起跑步的后果如此严重，小凯吓得脸色都白了。他对妈妈说："算了，我还是不要因为爱面子就勉强自己了。本来，我想拒绝老师，但是又担心同学们嘲笑我，现在看来，我健康地活着比什么都重要。"这时，爸爸在旁边补充道："虽然跑步有可能会引起严重的后果，但是并非每个人都会出现这种后果，所以你也不要把跑步视为洪水猛兽。只要你的身体能够承受跑步的剧烈程度，你完全可以参加。这周末，我带你去医院查一下心肺功能，听听医生的意见。"

分　析

很多孩子在学校里面对老师的时候，都不知道应该如何拒绝老师，尤其是那些爱面子的男孩，不仅担心老师会因为被自己拒绝而对自己失望，也担心同学、朋友瞧不起自己。正是在这种爱面子思想的驱使下，他们才会逼着自己去做不喜欢的事情。要知道，很多事情并不是凭着主观上的努力和意愿就能做好的，我们要尊重身体的客观情况，要了解身体的客观感受，这样才能让自己有更好的表现。

解决方案

在拒绝他人的时候，男孩要做到以下几点。

首先，要说出自己的真实感受，要尊重自己身体的反应，而不要自欺欺人，认为自己一定能行。很多事情并不是凭着主观意愿就能做好的，还需要很多客观条件相互配合，尤其是我们身体的承受能力是有极限的。如果我们在承受各种糟糕的事情之前始终怀着不切实际的心态，那么就会让自己陷入被动的状态中。

其次，拒绝他人的时候要用委婉的措辞，如果无法隐晦地表达，也可以直截了当。毕竟如果对方听不懂我们隐晦的表达，我们依旧只是一味地暗示对方，那么只会耽误事情。在这种情况下，我们不如直截了当地告诉对方真实的想法，也坦然承认自己所面对的困难，这样对方一定能够理解和接受我们的选择。

最后，不要当老好人。对于他人的不情之请，我们如果有能力做到，那么就不要拒绝他人。反之，如果我们的确能力有限，拼尽全力也做不到，那么就要让他人另想办法解决问题。很多男孩都活在面子里，一旦被他人求助就不好意思拒绝，却在不知不觉间绑架了自己。其实，对于身边的每一个人，只要他们提出的要求是不合情理的，我们就可以义正词严地拒绝。如果对方因为我们没有答应他们的不情之请就远离我们，那么我们也无须觉得遗憾，既然对方那么自私，只顾及自己的感受和需求，我们又何必对他们心存愧意呢？

 小贴士

生命是属于自己的，面子却是身外之物，所以任何时候我们都要把生命看得至关重要，而不要为了面子就勉强自己。在应该拒绝他人的时候，我们一定要当机立断地拒绝，这才是对自己负责任的表现。

2

关注成长小细节，为男孩的健康保驾护航

大多数人都知道女孩在成长的过程中应该得到呵护，应该得到全方位的关注，而男孩的成长则应该处于放养的状态，不需要关注方方面面。其实，这样的想法完全是错误的。对于男孩而言，要想让他们健康快乐地成长，就要关注他们成长中各方面的诸多小细节。俗话说，细节决定成败，男孩只有关注自身成长的细节，才能真正茁壮地成长。

■ 不挑食，不偏食

小故事

子乔正在读小学三年级，很多同学都称呼他为"小豆芽"，这让他感到非常恼火。那么，同学们为什么认为子乔是"小豆芽"呢？原来，这是因为子乔挑食偏食，吃东西非常挑剔，例如，他喜欢吃土豆，不喜欢吃各种绿叶菜；他喜欢吃鱼，不喜欢吃各种其他肉类；他喜欢吃羊肉，不喜欢吃牛肉。总而言之，很多孩子什么东西都吃，子乔却只吃自己喜欢的东西。在这样的情况下，妈妈给子乔做饭煞费苦心，伤透了脑筋，却依然无法把子乔喂得胖乎乎的。子乔的身材又矮又小，自然获得了"小豆芽"的绰号。

昨天中午，妈妈做好了红烧肉，还做了炖土豆给子乔吃。除此之外，妈妈还做了紫菜鱼丸汤呢！这样搭配起来营养是非常均衡的，然而子乔只吃了半块红烧肉，两块炖土豆和小半碗米饭，紫菜鱼丸汤一口都没喝，就赶紧跑到学校里玩去了。看到自己辛辛苦苦做好的饭菜，子乔却吃得这么少，妈妈非常担忧。她不满地抱怨道："我为了做这些好吃的给你吃，用了一个多小时，你却只吃了这么点儿就不吃了，让我给你做饭都没心情。"

这个时候，爸爸听到妈妈的话，赶紧说："孩子原本就长得这么瘦弱，还是好好给他做饭吧，哪怕他能多吃一口也是好的。"妈妈抱怨爸爸："要不以后你做饭吧！你既然这么会说，也一定很会做吧。"因此，爸爸妈妈闹得很不愉快。

在学校进行的健康体检上，医生经过检查发现子乔不管是身高还是体重都远远低于同龄人。看到医生对子乔的评分这么低,爸爸妈妈感到很担心,毕竟身体素质也是非常重要的,不但影响中考的成绩,还会影响孩子的身体健康呢。不管从哪个方面来说,他们都只能想方设法地帮助子乔纠正挑食、偏食的坏习惯。

以前,妈妈非常娇惯子乔,只要是子乔不喜欢吃的东西,妈妈就再也不做。现在呢,妈妈得到专家的指导后,意识到不能任由孩子只吃自己喜欢吃的,而是要为孩子提供丰富多样的饮食,所以哪怕是子乔不喜欢吃的东西,她也会变着花样做给子乔吃。例如,子乔不喜欢吃胡萝卜,妈妈就用胡萝卜榨汁,和面团包饺子;子乔不喜欢吃鸡蛋,妈妈就把鸡蛋煎熟,剁碎,放在饺子馅里。渐渐地,子乔对于不爱吃的那些蔬菜肉类也就没有那么排斥了。一年多下来,子乔居然长重了十斤,还长高了半头呢!看到子乔长得比之前高多了,也比之前壮了,妈妈特别高兴。子乔也因为终于摆脱了"小豆芽"的绰号而开心不已,因而对于各种营养食物的摄入也就不再那么抵触了。

分 析

男孩要想长得又高又壮,就一定要不挑食、不偏食,摄入充足均衡的营养。如果孩子总是挑食、偏食,对于父母做好的饭菜只吃很少,又总是想要吃那些父母没有做的食物,那么渐渐地,孩子胃口就会越来越差,身体也会因为缺乏营养而变得糟糕。

通常情况下,人们都认为在青春期,男孩应该比同龄的女孩长得更高,更强壮,事实也的确如此。这是因为男孩在生理方面占据先天的优势,但是对于女孩来说,如果女孩均衡营养,那么在成长发育期很有可能长得比男孩更加高大强壮。男孩要想追赶上女孩,就一定要好好吃饭。

解决方案

要想培养男孩良好的饮食习惯，纠正男孩挑食偏食的错误行为，父母要做到以下几点。

首先，在为孩子制作饭食的时候，不要只凭着自身或者孩子的喜好选择食材。孩子还小，处于很大的变化之中，也许他们现在不喜欢吃某种蔬菜，但是在偶然的机会下吃到这种蔬菜做成的美食之后，他们就会爱上这种蔬菜。所以父母不要放弃让孩子尝试吃这种蔬菜，如孩子不爱吃菠菜，那么可以把菠菜榨汁，用来和面，还可以榨菠菜汁给孩子喝。再如，孩子不喜欢吃玉米，那么可以榨玉米汁给孩子喝。总而言之，只要能够摄入这些食物的营养，父母也就达到了目的。

其次，父母应该锻炼厨艺。很多父母做的饭菜都特别粗糙，既没有完整的形状，也没有鲜艳的颜色，更没有可口的味道。这使得孩子对这些食物感到兴致索然。如果父母能够学习好厨艺，把食材以更加精致的方式呈现出来，那么相信这些食材一定能够吸引孩子的目光，让孩子产生想吃的欲望。

最后，不要总是在孩子面前说某种东西非常难吃，或者某种东西特别好吃。每一种食物都能够为人体提供营养，对人的成长都是很重要的。父母应该避免给孩子错误的引导，这样孩子才能多多尝试不同的食物，爱吃更多不同的食物。

小贴士

挑食偏食的孩子看起来非常孱弱，当然，没有男孩希望自己是孱弱的。要想变得高大健壮，男孩就要吃得香，就要吸收均衡的营养，就要坚持体育锻炼。

■ 保护好牙齿，吃嘛嘛香

小故事

　　子乔除了被人叫"小豆芽"之外，还有一个外号，那就是"小豁牙"。显而易见，这个外号和"小豆芽"相比更不友好，因为"小豁牙"带有明显的歧视意味。也许正是因为子乔的牙齿不好，所以子乔吃很多东西都不方便，很多东西都不愿意吃。那么，子乔的牙齿为什么这么糟糕呢？

　　子乔有很多蛀牙，而且因为蛀牙严重，还拔掉了两颗牙齿。尤其是门牙的残缺，使他在吃很多比较硬的东西时根本咬不动。对于子乔的牙齿出现这样的情况，妈妈感到非常内疚。原来，子乔小时候正在长乳牙时，每天夜里都会喝奶。妈妈明知道在喝完奶之后要给子乔漱口，但是因为夜晚醒来太困了，就迷迷糊糊地睡着了。结果，子乔在长牙没多久就出现了蛀牙。后来，子乔的乳牙换成了恒牙，新长出来的恒牙又白又坚固，看起来非常漂亮。但是，子乔特别不喜欢刷牙。每天晚上，虽然妈妈催促子乔刷牙，子乔却总是敷衍了事，只刷几下就把牙齿刷完了。日久天长，子乔的牙齿上沉着了很多色素，渐渐地又有了蛀牙。蛀牙可是会传染的，有了一个蛀牙之后，相邻的好牙齿也开始被腐蚀了。就这样，子乔的牙齿越来越不好，胃口也很糟糕。

　　然而，妈妈并没有把子乔的牙齿与营养不良联系起来。直到有一天，妈妈带子乔去看牙医，牙医对妈妈说："你可一定要重视孩子的牙齿呀！你看看，这个孩子这么瘦弱呀，治不好牙齿，怎么可能长得强壮呢？"妈妈惊讶地看着医生，医生仿佛看出了妈妈的疑惑，继续解释道："牙好，吃嘛嘛香，牙不好，吃嘛嘛不香，咀嚼都困难，孩子能愿意吃饭吗？"

妈妈恍然大悟，从此之后，妈妈每天都监督子乔刷牙，而且给子乔买了一个刷牙专用的沙漏，定时三分钟。有的时候，子乔不愿意吃补钙的奶酪，妈妈还会督促子乔坚持吃奶酪，从而让牙齿更加坚固。渐渐地，子乔的蛀牙得到了控制，牙齿越来越好，胃口也越来越好了。

分析

很多男孩都不喜欢刷牙，因为他们觉得刷牙浪费时间，使他们只有更少的时间可以用来玩。也有的男孩儿因为缺乏耐心，刷牙的时候常常敷衍了事。再加上父母对孩子的牙齿不重视，渐渐地，孩子就会出现蛀牙。

父母一定要认识到牙齿对于孩子健康成长的重要性，切勿认为牙齿无关紧要。孩子只有拥有一口好牙齿，才会拥有好胃口，才能摄入均衡充足的营养，也才能长得身强体壮。知道了这个道理之后，父母还会对孩子的牙齿那么不重视吗？

解决方案

想让孩子保护好牙齿，就要做到以下几点。

首先，孩子刷牙应该从几个月大时就开始。很多父母自己小时候直到好几岁才开始刷牙，所以他们觉得孩子到几岁再开始刷牙也不迟。其实，现在孩子的生活条件与父母小时候的生活条件截然不同，父母小时候没有那么多糖果吃，也常常吃粗粮，所以牙齿不容易坏。现在的孩子每天吃精米细面，而且有很多的糖果吃，这会使他们的牙齿面对更大的风险，更容易蛀牙。

其次，要为孩子准备有趣的刷牙用具和孩子喜欢的牙膏。如今，孩子刷牙的用具非常精致可爱，父母可以根据孩子的喜好为孩子选购。孩子的牙膏也有各种各样的口味，父母可以让孩子自己选择喜欢用的牙膏牙具，这样孩子就会渐渐地爱上刷牙。

再次，父母要做孩子的好榜样。很多父母本身牙齿就不好，每天刷牙的时候总是草草了事，日久天长，孩子学习父母的样子，也不愿意认真刷牙，牙齿自然会变得越来越糟糕。

最后，要了解口腔知识，知道如何保持口腔卫生。口腔知识是非常重要的，不但关系到牙齿的卫生，还关系到身体健康。如果口腔不卫生，细菌就会顺着消化道而下，进入到消化系统，会对身体造成极大的危害。所以，刷牙不但是保护牙齿的重要手段，也是保证消化系统健康的重要手段。

■ 有脚臭怎么办

小故事

今天下班回到家里，妈妈刚刚进家门就闻到了一股恶臭。这种臭味非常特别，直冲脑门，让人感到无法忍受。妈妈误以为家里有人不小心踩到了脏东西回到家里，因而在家里四处寻找。她找遍了家里的每一个角落，还把门口的每双鞋子都拿起来仔细地检查，结果没有找到任何蛛丝马迹。那么，家里的这股臭味是从哪里来的呢？

在找遍了家里其他的地方之后，妈妈来到了小凯的房间。小凯正在专心致志地写作业。妈妈打开小凯房间的门，闻到了更浓重的臭味。这时，妈妈突然想到：这是小凯的脚臭吗？妈妈循着臭味闻过去，发现小凯的脚果然是臭味的来源。妈妈忍不住对小凯抱怨道："回到家里就不能先把脚洗一洗吗？你的脚实在是太臭了，我刚进家门就闻到了。幸好咱们家的门密封性还不错，否则邻居家都能闻到臭味。"

听到妈妈夸张的话，小凯忍不住哈哈大笑起来，说："我的脚还不算臭呢！你如果去我们教室里，一定会被熏晕。虽然大家都穿着鞋，但是夏天的运动鞋上有洞洞，所以臭味儿就从鞋里冒出来了。"

妈妈说："你们在教室里久而不闻其臭，但是回到家里一定要保持干净卫生。尤其是家里的房子并不大，通风也没有那么好，如果大家一直在这种臭味里生活，肯定感到很痛苦。"在妈妈的强烈建议下，小凯只好先去卫生间，用肥皂把脚洗得干干净净。然而，这只能让臭味儿略微削减一点，却并不能让臭味完全消失。后来，妈妈想了各种办法帮助小凯治疗脚臭，都没有显著的效果。

后来，妈妈在和朋友聊天的时候说起孩子脚臭，这个朋友说："孩子脚臭就是因为他们运动量大，爱流脚汗。我家大侄子的脚也特别臭，后来长大了，没有那么大的运动量，渐渐就好了。而且青春期的孩子代谢也很旺盛，身体会分泌很多油脂，所以体味也会很重。我建议你多多督促孩子洗脚就好，千万不要让孩子因此而感到自卑。"妈妈恍然大悟，说："你说得很对，看来我应该换一种方式与孩子沟通，我以前还总嫌弃孩子脚臭呢！"

分析

很多青春期的孩子都有很重的脚臭味，其实他们不仅有脚臭味，体味也很重，这是因为青春期的孩子代谢旺盛。在这种情况下，父母不要表现出嫌弃孩子的意味，否则敏感的青春期孩子一定会感到很受伤害。父母不妨想一想，自己在像孩子这么大的时候，脚是不是也很臭呢？既然如此，就不要抱怨孩子了，毕竟孩子也不想让自己的脚这么臭啊！

为了缓解孩子的脚臭，应该注意以下几点。

首先，父母应该为孩子选购质量更好的鞋子。例如，在夏天的时候，要为孩子购买轻便透气的鞋子，给孩子穿上纯棉吸汗的袜子。大多数脚臭都是因为脚汗滋生了大量细菌，产生了综合作用，所以产生了浓重的味道。如果穿纯棉吸汗的袜子，及时把脚汗吸收到袜子里，那么脚臭就会大大缓解。此外，也可以买有通风孔的鞋子给孩子穿，这样孩子的脚就会处于通风的状态，脚臭味也会随之飘散。

其次，当闻到孩子有脚臭味的时候，可以为孩子购买一些泡脚的中药，这些中药不但能够活血，还可以杀灭细菌。如今，市面上有一些专门用来杀灭鞋子内部细菌的喷剂，也可以定期给孩子的鞋子喷一喷。

最后，父母还要督促孩子勤换衣服。青春期的孩子体味也比较重，再加上脚臭味，他们的身体会散发出很浓重的味道。所以父母除了要帮助孩子消除脚臭味之外，还要叮嘱孩子勤换衣服，督促孩子保持衣服的干净清洁，这样孩子的体味就会有所减轻。

总而言之，孩子在青春期身体散发出强烈的味道是正常现象，父母不要因此而嫌弃孩子，孩子也无须因此而感到自卑。

■ 长高也是有秘诀的

> **小故事**
>
> 　　最近这段时间，瑞瑞一直在准备迎接期中考试的到来。这次期中考试是全区统考，所有同学的成绩都会参加全区排名。瑞瑞在复习冲刺中全力以赴，使出了自己所有的力量，等到期中考试之后，他紧绷的神经终于放松了下来，悬着的心也落地了。在得知自己的成绩非常优秀之后，瑞瑞更是一蹦三尺高。
>
> 　　在期中考试之后得知成绩的一段时间里，瑞瑞每天都非常开心。他原本有些自卑，现在充满了自信，也能够积极地展示自己了。这使他度过了一段既快乐又充实的日子。但是，好景不长，瑞瑞因为体检而感到懊恼起来了。原来，在班级里，瑞瑞的身高在男生中是最矮的，和很多女生相比也矮了一大截。所以每当到了体检要量身高的时候，瑞瑞就感到很害羞。
>
> 　　这不，第一天开始体检时，班主任就把全班同学集合到操场上，瑞瑞"当之无愧"地又站在了队伍的第一排。很多女生指着瑞瑞议论纷纷，瑞瑞仿佛听到女生们在说："长得这么矮，成绩再好又有什么用呢？""我们都喜欢高大帅气的男生！"瑞瑞在这样的想象中羞红了脸，低下了头。
>
> 　　这个时候，有个男生从瑞瑞身边经过，不小心碰到了瑞瑞，瑞瑞

当即烦躁地质问:"怎么回事儿?撞我干嘛,没长眼吗?"那个男生也不示弱,对瑞瑞说:"就这么轻轻碰你一下,你就要倒了,谁让你长得这么矮小呢!你要是长得五大三粗的,就算我真的撞你一下,你也不会倒吧!"听到这位男生的话,大家都哈哈大笑起来。

瑞瑞满脸通红地站在那里,仿佛看到身边的女生正在议论自己,他发自内心地认为自己作为男子汉就应该顶天立地,因而将身材矮小视为自己最大的耻辱。他越想越羞愧,趁着老师离开的时候,偷偷地跑回教室,趴在课桌上郁郁寡欢。瑞瑞不停地想:"我已经上初二了,再过几年就成年了,到时候我要是不再长高了,可怎么办呀?"

解决方案

很多男孩都因为自己的身高不够高而感到烦恼,就像女孩因为自己的皮肤不够白而感到烦恼一样。其实,男孩完全没有必要为此而感到忧愁。

首先,在青春期之前,大多数男孩都比女孩发育慢,这是因为男孩的身体发育会比女孩略晚两年。

其次,即使男孩长得很矮,但是只要男孩有才华,内心坚强勇敢,那就是真正的男子汉。毕竟我们判断一个男孩是不是男子汉,并不是以他的身高为唯一标准的。在这个男孩各方面表现都出类拔萃的情况下,身高甚至可以忽略不计。

再次,男孩要想长高,其实是有秘诀的。很多男孩都不喜欢喝牛奶,不喜欢吃奶酪,钙质吸收不足。所以男孩不妨有意识地每天都坚持喝牛奶。虽然喝一天两天并不能产生明显的效果,但是当男孩长年累月地坚持喝牛奶之后,他们的身高就会有明显的增长。

最后,男孩要坚持运动。很多男孩都喜欢宅在家里,或者独自看书,或者玩电脑游戏，而不愿意出门和其他小朋友一起玩，这使得男孩户外活动的时间明显不足。男孩在学习之余应该积极地参加运动，最好参加一些弹跳类的运动，如篮球、跳远等运动，这对男孩长高都是非常有帮助的。

> **小贴士**
>
> 男孩只要掌握了长高的秘诀，就能够有效地促进自己长高。退而言之，哪怕并不能长高到让自己满意的高度，男孩也无须妄自菲薄，更不要因此而感到自卑。每个男孩都应该做真正强大的自己，都应该拥有强大的内心，这样才会真正地成长为男子汉。

■ 抬头挺胸，姿态挺拔

> **小故事**
>
> 升入初一没多久，班级里要举行庆祝教师节的文艺演出，每个同学都要出节目。很多同学都踊跃地报名参加，小凯被好朋友拉着一起表演相声。在相声的排练过程中，老师看到小凯姿态挺拔，昂首挺胸，对他的好朋友豆豆说："豆豆，你应该向小凯学习。"豆豆感到莫名其妙，当即反驳老师："小凯台词记得还没有我熟练呢，我向他学习什么？应该是他向我学习吧！"老师忍不住笑起来说："我不是在说记忆力。你看看，小凯站立的姿态像不像一棵挺拔的小白杨。你再看看你自己，像不像一株缺水的豆芽菜呢？"

听到老师这么说，豆豆才意识到老师说的问题所在，他当即羞红着脸说："老师，我的确就像豆芽菜，谁让我长得又瘦又小呢？"对此，老师可不是这么看的，他对豆豆说："一个人即使长得瘦小，也可以身姿挺拔，最重要的在于你必须昂首挺胸，这样才能让身体舒展开来，也才能保持良好的气质。"听到老师这么说，豆豆当即夸张地抬头挺胸收腹，就像一个刚刚入伍的新兵蛋子一样。看着豆豆紧张的样子，老师忍不住笑了。从此之后，豆豆非常注意自己的身体姿态。晚上回到家里的时候，他还会把身体紧紧地贴着墙壁站立一段时间。随着练习的时间越来越长，豆豆的身体姿态越来越好了。

分析

正如老师所说的，作为男孩，不管是长得高大强壮，还是长得矮小瘦弱，都应该保持挺拔的身姿。这不仅表现出男孩强大的气场，也说明男孩的内心充满自信。有些男孩虽然身材高大，但是因为缺乏自信，所以显得非常委顿。而有的男孩呢，尽管长得矮小，但是却因为强烈的自信和强大的内心而身姿挺拔，傲然屹立。

解决方案

那么，男孩如何才能保持抬头挺胸的挺拔姿态呢？

首先，男孩在日常站立的时候要保持端正的姿态，双肩要放平，双手自然地垂于身体两侧，脖颈和腰部保持挺直，目视前方。

其次，在写作业时，男孩也要保持腰背挺直。如今，很多孩子都患上了脊柱侧弯症，他们的脊柱呈现S形弯曲，曲度不同，手术矫正治疗的效果也是不同的。这与男孩在日常完成作业的时候姿势不正确密切相关，也与男孩背太重的书包有一定的关系。父母要关注孩子的脊柱健康，这样才能让孩子的姿态更加挺拔。

最后，积极地参加体育锻炼。如今，很多孩子都喜欢宅在家里，因为没有兄弟姐妹和朋友的陪伴，他们非常孤独，假期不是在看电视，就是在玩游戏，或者盯着手机屏幕。有些男孩在做这些活动的时候，并没有保持端正的坐姿，而是采取侧躺等方式。当男孩长时间地保持不正确的姿态，脊椎就会变形，当站立起来的时候，身姿也就不再挺拔了。

小贴士

每个男孩都像一棵稚嫩的树苗，只有保持挺立的姿态，才能长成参天大树。如果稚嫩的树苗被风雨刮歪了，变得弯曲了，那么它们又如何能够茁壮地成长呢？所以，男孩要注重自身的姿态，要积极地保持好姿态，这样才能让自己成长为参天大树，直耸云霄。

男孩也需要保养皮肤

小故事

瑞瑞正在为自己身高不够高而感到烦恼呢，还没有真正地让自己长得更高，就产生了另外一个烦恼，那就是他长出了很多青春痘。看着自己满脸的青春痘，瑞瑞觉得特别没面子，心情郁闷烦躁，这样一来，青春痘反而越来越严重了。有些青春痘还又红又痒，让人忍不住去抓挠。在天气寒冷的日子里，皮肤的油脂比较少，而在炎热的夏季里，瑞瑞感觉自己的脸上仿佛糊了一层厚厚的油，皮肤非常沉闷，根本透不进新鲜的空气。

有一次，瑞瑞因为被同学嘲笑，感到非常生气，居然狠狠地去挤自己脸上的青春痘。结果，青春痘被瑞瑞挤破了，里面喷出来很多白色的东西，看起来十分恶心。瑞瑞虽然觉得很疼，但是他心中感到窃喜：我终于把痘痘挤破了，这下子这个痘痘就会结疤，变得光滑了吧？出乎他的意料，这个被挤破了的青春痘非但没有干瘪，反而肿得越来越大，甚至还感染化脓了。瑞瑞根本不敢照镜子，生怕看到自己的惨样。

昨天晚上，妈妈下班回家，看到瑞瑞脸上肿得严重的青春痘，非常担忧，当即带着瑞瑞去了医院。一路上，瑞瑞都表示抗拒，他不停地对妈妈说："就是一个青春痘而已，去医院干嘛呀？"妈妈一声不吭，到了医院，为瑞瑞挂了皮肤科的专家号。专家认真观察了瑞瑞挤压的青春痘所在的位置，当即严肃地提醒瑞瑞："你挤压这个青春痘可是非常危险的，这颗青春正好位于面部三角区，很有可能引起严重的感染。"听到医生这么说，瑞瑞感到非常纳闷。医生又解释道："从鼻根部到口唇下方，这个区域是面部危险三角区。在这个区域里，细菌很容易会顺着血液而上，进入脑部，引起全身感染。你下次千万不要再挤青春痘了。对于青春痘，用如此简单粗暴的方法处理可不是一个好习惯，日常可以用洗面奶保持面部清洁，也可以给脸部补水。总而言之，不要用挤压的方式。就算真的想要除掉这颗青春痘，也有专门的方法可以使用。"

在医生严肃的警告之下，瑞瑞才知道自己这样粗暴地对待青春痘是很危险的。后来，他又从同学那里打听到很多治疗青春痘的方式，例如，多吃青菜，少吃肉，多喝粥，少吃油腻的东西，补充B族维生素等。瑞瑞把这些方法全都尝试了一遍，效果却并不显著。他经过仔细观察，发现班级里大多数同学都有青春痘，就更加纳闷了，不知道青春痘为什么偏偏喜欢对这些爱美的青少年下手呢。

分析

在进入青春期之后，大多数男孩都会长出或多或少的痘痘。其实不仅男孩会长青春痘，女孩也会长青春痘。如果把青春痘看成皮肤问题，只是从皮肤层面进行调养，往往很难起到良好的效果。

解决方案

其实，青春痘是由于内分泌失调引起的，所以我们应该从调理生活的方面着手，这样才能让青春痘俯首投降。

首先，要保持健康的饮食，不吃油炸食品，不吃甜食。因为油炸食品和甜食都会刺激皮肤，使皮肤分泌更多的油脂，而富于油脂的环境更有利于痘痘的生长。那么，不吃油炸食品和甜食，能吃什么呢？例如，可以摄入充足的水果和蔬菜，在纤维素的帮助下，身体就会加快排出废物。要多喝白开水，这样也能够给身体补充水分，毛孔能更快地代谢废弃物。需要注意的是，我们这里所说的是白开水，而不是碳酸饮料，碳酸饮料含糖很多，对于痘痘的生长会起到促进作用。

其次，要保持规律作息。很多男孩在进入初中之后，因为学习压力很大，需要完成的作业很多，所以他们严重缺乏睡眠。从中医的角度来说，每天晚上十点到两点之间，人体会对皮肤进行修复，所以如果能够在这个时间里进入睡眠的状态，那么皮肤的状态就会更好，这也是为何很多女性都喜欢睡美容觉的原因。

再次，积极地进行体育锻炼。坚持进行有益的运动，不但可以让我们的身体保持新陈代谢良好，促进血液循环，而且能够让我们的皮肤保持良好的状态。我们的身体排出更多的毒素，抵抗力自然会得以增强，我们不断地流汗，毛孔也就会更加通畅。做好这些方面的事情，我们脸上的痘痘会渐渐消失，我们也会在战"痘"过程中获得胜利。

最后，选择合适的护肤品。看到这里，也许有很多男孩会感到纳闷：我们可是男生啊，难道也需要用护肤品吗？当然需要。每个人都需要用护肤品做好皮肤的清洁工作，很多男生的痘痘之所以来势汹汹，就是因为他们没有使用洗面奶洗脸，皮肤的毛孔堵塞。此外，不要使用强碱性的洗面奶，这样会让皮肤变得干燥。最好使用中性或者是弱碱性的洗面奶，在使用完之后还要及时地对皮肤补水，这样皮肤就会保持通透的状态。需要注意的是，有些男生为了让面部皮肤保持清爽，一天会用洗面奶洗脸几次，这反而会刺激皮肤分泌出更多的油脂，所以每天最好不要洗脸超过三次。当男生保持愉悦的心情，保持规律的作息，也适度地清洗面部时，痘痘就会渐渐远离。

小贴士

爱美从来不是女孩的专利，男孩也可以爱美。当然，男孩爱美未必要浓妆艳抹，而是可以保持皮肤的干净清爽，让自己以良好的形象示人，这样男孩的心情也会更加愉悦，由此进入良性循环的状态，让整个人都呈现出更好的形象。

■ 卧室干净整洁，身心健康愉悦

小故事

初一下学期，妈妈突然接到老师的通知，要在近期内进行家访。接到这个通知之后，妈妈感到非常担忧，她还以为鹏鹏在学校里表现不好，所以老师特意来家里面谈呢！后来，妈妈才知道很多同学都接到了家访的通知，这是因为学校近期做出了安排，老师们需要到每一个同学的家里进行访问。妈妈这才释然，当即开始整理家里的卫生，想以更好的状态迎接老师的到来。

一直以来，妈妈都认为鹏鹏的卧室太脏乱差，堆满了各种各样的书籍和文具，而且床铺也是皱皱巴巴的。虽然妈妈说了鹏鹏好几次，但是鹏鹏对此不以为意。妈妈也因为忙于工作，没有时间帮助鹏鹏整理。这次借助于老师要来家访的机会，妈妈决定和鹏鹏一起对他的卧室进行彻底清理。

妈妈先和鹏鹏整理了书桌上的各种文具和书籍，这些文具和书籍有些是可以用的，有些已经废弃不用了。他们扔掉了那些废弃不用的文具和书籍，留下了还需要用的文具和书籍，瞬间，书桌看起来清爽了很多。当然，只扔掉杂物是不能让书桌达到最好状态的，还要对留下来的东西进行分门别类的整理。妈妈让鹏鹏把这些书籍和文具分区域地摆放好。长期不用的，可以放到书柜里，每天都要使用的，就放在书桌上面的小书架上。

在对书桌进行整理之后，妈妈和鹏鹏开始整理衣柜。虽然老师并不会打开衣柜参观，但衣柜是收拾房间最重要的一部分。既然要对卧室进行彻底大扫除，那么衣柜就是重点。妈妈和鹏鹏根据季节把衣服分类摆放好，还把容易起褶皱的衣服挂在衣架上，悬挂在衣柜里。看到曾经乱七八糟的衣柜变得清爽起来，一眼就能看到想穿的衣服在哪里，鹏鹏忍不住笑了。妈妈语重心长地对鹏鹏说："看看，这样的衣柜是不是让你的心情也变得更好了呢？"

最后，妈妈和鹏鹏一起换了床单被罩，把床铺叠得整整齐齐。妈妈对鹏鹏说："以后，你每天都要把卧室整理到这样的程度。"鹏鹏忍不住惊讶地张大嘴巴，吐出舌头，表现出一副难以置信的样子。妈妈拍拍他的肩膀，说："现在，我们已经把卧室整理好了。如果你每天都能抽出很短的时间进行维护，卧室是不会在短期内再乱到之前那样的。但是如果你从来不注意维护，也不注意整理，也许三天之后，卧室就又变成此前的样子了。"鹏鹏对妈妈说的话不以为意，果然三天之后，鹏鹏的卧室又恢复了原状。

趁着老师还没来，鹏鹏只好再次进行大扫除。有了上次的经验，鹏鹏这次只靠自己就能把卧室收拾得相对整齐了。在妈妈的指点下，他还完善了细节。这一次，鹏鹏决定按照妈妈的建议，每天都抽出一定的时间来维持卧室的干净整洁。看着干净清爽的书桌，他的学习效率也提升了，而且晚上在温暖干燥、散发出清香的被褥里睡觉，他睡得非常香甜。

分析

很多男孩都特别注重自身的形象，尤其是在进入青春期之后，他们每天都会打理自己的头发，会在脸上涂抹各种各样的护肤品，也会注意换上干净的衣服，甚至还会挑选衣服鞋袜的款式。但是他们只是注重外表，却没有注重内在。一个真正爱干净、有秩序的人，不仅仅有干净清爽的外表，也会让自己的卧室保持最佳状态，这样才能实现身心愉悦。

日本是一个非常注重收纳的国家，这是因为日本的国土面积非常小，人们居住的面积也很局促，所以日本的主妇是非常善于收纳的。她们把东西都收得干干净净，整整齐齐，家里看不到任何脏乱的杂物。在这一点上，我们应该多多向他们学习。男孩不要认为做家务是妈妈该做的事情，是女性的专利，而是要知道每个人都应该先打理好自己的生活，这样才能获得更好的发展。正如古人所说的，一屋不扫，何以扫天下？如果男孩不能把自己的卧室整理好，那么可想而知，他们在学习和成长的过程中，也会陷入混乱的状态，根本不能做到条分缕析，秩序分明。

卧室干净整洁与身心健康愉悦之间的关系是无须赘述的，每个人都喜欢在干净整洁的环境里生活，而不喜欢在脏乱差的环境中生活。在干净整洁的卧室中，我们会得到更好的休息，看着一尘不染的卧室，我们的心情也会变得更加愉悦。反之，如果在乱糟糟的卧室中，我们的心也会被堵塞，情绪会郁积，所以唯有保持内外的统一和谐，我们才能够提升生活的品质。

小贴士

各位男孩从现在开始就应该养成良好的卫生习惯，不但要注重个人卫生，也要注重卧室的环境卫生。当然，还要由内而外散发出干净清爽的气质，这会使男孩的身心都得到极大的提升。这样的男孩，不管走到哪里都是受人欢迎的，自然会拥有好心情，也会交到更多的朋友，这可是一举数得的好事情。

3

身体成长的变化,无须担忧

进入青春期,青少年的身体出现很多变化。例如第二性征快速发育。因为身心处于快速的发展阶段,所以青少年的情绪也起伏不定。对于身体成长的各种变化,青少年无须担忧,只有了解身体发展和成长的机制,青少年才能做到从容应对。

我的声音怎么变了

小故事

啾啾正在读初中一年级,最喜欢唱歌。每天,他不管是上学还是在放学的路上,甚至连课间都会唱歌。啾啾的偶像是林俊杰,他最喜欢听林俊杰唱歌了,一天不听林俊杰唱歌,他就感觉自己遗忘了很重要的事情。所以,班级里很多同学都亲切地称呼啾啾为"杰迷"。啾啾不但喜欢听林俊杰唱歌,他自己的嗓音也非常好听,所以同学们常常在课间的时候起哄,让啾啾为同学们高歌一曲。

元旦就要到了,老师让同学们准备节目,啾啾当即自告奋勇地报名要独唱一首林俊杰的歌。同学们都对此非常期待,啾啾则充满了自信,他相信自己的歌声将会在班级里赢得最热烈的掌声。

元旦当天早晨起床时,啾啾感到自己的嗓子有点不舒服,非常痒,而且有点微微的疼痛。最重要的是,嗓子有些发紧,声音也很沙哑,啾啾以为自己感冒了,不由得想:"今天我可要多多喝水呀。上午上完课之后,下午就要举行元旦晚会了,我要是不能让嗓子尽快恢复,就不能一唱成名了。"

整个上午,啾啾喝了好几杯水,一遍一遍地去喝水,一遍一遍地上厕所,他想用最快的速度让自己的嗓音恢复如常。同桌好心提醒啾啾说:"啾啾,你的嗓子怎么了?非常粗哑,就像唐老鸭一样。"听到同桌好心的提醒,啾啾哭笑不得地说:"你这是想打击我还是想安慰我呢?我只是有些感冒,没关系,我多喝水就可以了。"

让啾啾感到惊讶的是,虽然他一上午喝了好多水,但是他的嗓子丝毫没有好转。到了下午的元旦联欢会,轮到啾啾上台独唱了,他上台之后唱出来的歌声难听极了,才唱了两句,同学们全都哈哈大笑起来。啾啾感到非常羞愧,他硬着头皮唱完一首歌,听着同学们稀稀拉拉的掌声,赶紧到台下坐好,看起来失魂落魄。

看到啾啾这样的表现,老师找到啾啾说:"啾啾,你是感冒了吗?"啾啾无奈地说:"我原本以为我感冒了,但是也许我不是感冒了,是不是我的声带出了什么问题?"老师笑起来,告诉啾啾:"你呀,既不是感冒了,也不是声带出了问题,而是进入了青春期,声音变得沙哑了。"听到老师的话,啾啾感到非常惊讶,他反问老师:"我以后都会是这种声音吗?"老师说:"当然不是。你不是最喜欢听林俊杰唱歌吗?林俊杰在像你这么大之前,声音也充满了童真。现在,他的嗓音之所以非常有磁性,是因为他经历了变声,声音变得更成熟了。"听了老师的话,啾啾转忧为喜,惊奇地问:"以后,我的声音也会像林俊杰的声音一样好听吗?"老师笑起来说:"我不知道你的声音是否能够超越林俊杰,但是我知道你的声音一定会变得比现在更好听。这只是一个变声期、一个过渡期而已。"

分 析

在12岁到14岁之间,男孩们通常会经历变声期。那么,男孩为何会变声呢?这是因为男孩在青春期经历了快速发育,喉结变得越来越大,声带也变长了。正是因为如此,他们的声音不再是高亢尖细的,而是会变得低沉沙哑。在变声期里,男孩因为声带的变化,所以说话和唱歌的声音都很"破",类似于动画片里唐老鸭的声音。这并不是异常的现象,而是很正常的现象。男孩要知道,只有丑小鸭才能变成白天鹅,不经历这样的变声期,如何能够拥有低沉有磁性的嗓音呢？

解决方案

男孩不要因为自己处于变声期而感到沮丧懊恼，而是应意识到，自己只有经历变声期才会拥有低沉有磁性的声音。在变声期，男孩还要注意以下几点。

首先，每个男孩都会经历变声期，变声期的长短是不同的。有些男孩可能几个月就度过了变声期，也有些男孩需要两三年才会度过变声期。变声期不但与男孩的个体差异有关系，也与他们的生活环境相关。一般情况下，北方的孩子变声期更长，南方的孩子变声期更短。

其次，当经历变声期的时候，不要因此而感到自卑，当身边有朋友经历变声期的时候，也不要因此而嘲笑朋友。虽然在变声期的男孩不能唱很高的音，但是却可以唱非常柔和的低音，所以对于喜欢唱歌的男孩而言，在变声期里，要选择适合自己的歌曲去歌唱。

再次，在变声期一定要注意保护好嗓子。有些青春期的男孩喜欢耍帅，即使天气很冷，他们也不愿意穿衣服，这使得他们经常感冒，感冒的时候容易引起扁桃体发炎，就使得声带受到伤害，以后声音就不会非常好听。要想未来拥有低沉有磁性的好声音，就一定要在变声期注意保暖，保护好嗓子。

最后，在变声期内要做到合理饮食，摄入均衡的营养，尤其是不要吃对咽喉有刺激性的食物。很多男孩喜欢吃超辣的食物，或者喜欢吃一些比较干燥的垃圾食品，这些食物对于声带都是没有好处的。男孩一定要多吃水果，多喝水，摄入大量蔬菜，这样才能顺利度过变声期，让自己的声音变得比之前更加悦耳动听。

■ 我的脖子上长了个东西

小故事

自从上次发现自己的声音突然变成了"公鸭嗓子"之后，没过多久，啾啾又发现自己的脖子上长出了一块凸起的东西。有一天晚上，他躺在床上准备入睡，用手抚摸着自己声带的位置，尝试着唱歌，突然发现在喉头的位置有一个凸起的东西，这个东西还很硬，而且随着发出声音或者吞咽的动作还会上下移动。乐乐吓坏了，他突然想起来自己在电视上看到过很多人不知不觉身体上就长出了异物，因而赶紧起床去找爸爸妈妈求助。

他惊慌失措地对爸爸妈妈说："爸爸妈妈，快看呀，我这里长了个什么东西？"爸爸妈妈一听啾啾说身上长了一个东西，也非常紧张，赶紧带着啾啾来到客厅里查看情况。他们让啾啾坐在客厅吊灯之下的沙发上，在充足的光线下，这才发现啾啾所说的东西原来是喉结。

"喉结？喉结是什么？"啾啾对爸爸的解释感到莫名其妙，爸爸对啾啾说："男孩进入青春期之后，第二性征开始发育，喉结就是男性发育的特征之一。喉结的作用很大，具体你可以去查些资料，了解了解。总而言之，这个东西是你应该长的，你完全不需要感到惊慌。"

啾啾还是感到很纳闷："但是，我们班里其他同学并没有长喉结呀？"爸爸说："那是因为你没有关注到这一点。明天，你去学校里再看一看，看看你们班里的同学，以及其他班的同学中，有没有和你一样长出喉结的情况。"啾啾点点头。

次日到了学校，啾啾仔细地观察其他同学的情况，结果发现除了女生没有长喉结之外，其他的男生都长出了或大或小的喉结。啾啾感到非常纳闷，与好朋友讨论了喉结的问题。好朋友对啾啾说："我早就发现我爸爸有喉结啦，难道你没发现吗？"啾啾还真没有注意到这个情况，后来他通过观察发现，爸爸的喉结并不是特别明显，不由得感到更加疑惑不解了。

爸爸向啾啾解释道："每个人的身体情况都是不同的，就像有的人长得高，有的人长得矮，有的人喉结大，有的人喉结小。只要是正常的发育，没有异常情况，就无须过于担心。"在爸爸的安抚下，啾啾终于放下心来，他不再因为自己长了凸起的喉结而感到烦恼，还因为自己的长大而感到自豪呢，因为他知道喉结正标志着他长大了。

分 析

孩子进入青春期之后，大概在14岁前后，喉结就会开始生长。在雄性激素的作用下，喉结会长得非常突起。如果孩子不知道喉结是什么，也不知道这是身体正常的现象，必然会感到紧张。所以在长出喉结之后，父母要及时向孩子解释喉结的生长原理，在孩子长出喉结之前，也可以给孩子传达一些关于身体成长的知识，这样才有助于孩子从容地面对身体的变化。

小贴士

首先，长出喉结之后，不要因此而感到自卑。有些孩子长出喉结比较早，那么当看到身边的同龄人还没有长出喉结，自己显得与众不同时，他们就会为此而感到自卑。其实，这是完全没有必要的，因为个体发育会有差异，每个人的发育也有早有晚、有快有慢。所以，我们要尊重自己的成长规律，接纳自己的成长表现。

其次，在看到其他同学长出喉结时，不要因此而嘲笑其他同学。在青春期，孩子们会有很强的团体意识，希望自己能够得到同龄人的认可和接纳。在这种情况下，我们既不要孤立他人，当被他人孤立时，也要积极地面对，拉近与他人之间的关系，与同学更友好地相处。这对于孩子的身心发展都是很有好处的。

我是"毛猴子"

小故事

最近一段时间，浩浩发现自己变成了一个不折不扣的"毛孩"。他浑身都长满了汗毛，而且汗毛又密又长。他经常开玩笑地对妈妈说："妈妈，你一定生了一只猴子。"对此，妈妈很耐心地说："浩浩，你之所以长出这么浓密的汗毛，是因为你进入了青春期。你可千万不要用剃刀剃它，否则它就会像野草一样，生命力顽强，春风吹又生。而且，你也不要用脱毛膏呀，如果你用了脱毛膏，你的毛囊就会受到损害，让你以后不长汗毛，这岂不是更糟糕了吗？"

有一次，浩浩在洗澡的时候，对着镜子里的自己仔细观察，突然发现自己的腋窝下面也长出了稀疏的、黄黄的卷毛，而且看起来范围还在不断扩大。浩浩感到惊讶极了，赶紧跑去询问爸爸："爸爸，我这里怎么也长毛了？而且，这可不是汗毛呀！"爸爸笑着对浩浩说：

"因为你长大了！你看，爸爸腋窝下面也是有毛的，这样有助于排汗，还能减少摩擦。这说明你不再是一个不懂事的小孩了，很快就会变成大人了。"

虽然爸爸告诉浩浩身体长出汗毛、腋窝下长出卷曲毛都是正常现象，但是浩浩还是感到很惊慌。他从爸爸那里只得到了理论上的解释，没有得到情感上的安慰，到了学校之后，他赶快把这件事情告诉了好朋友。好朋友听了浩浩的话，当即对浩浩说："我和你一样呀，我也是个'毛猴子'。"难怪好朋友从来不穿短袖短裤呢，原来他是害怕别人看到他身上长长的毛发，也担心会被人嘲笑呀！浩浩和好朋友同病相怜，叽叽咕咕说了很长时间。后来，他们决定观察班级里其他男生，最终发现很多男生都与他们一样面临着相同的苦恼，而且不知道如何解决这个难题。渐渐地，他们也就习以为常了。

解决方案

很多青春期男孩在发现自己长大了，长了汗毛之后，第一时间就是找剃须刀，把这些毛都剃掉，或者趁着妈妈不在家的时候偷偷地使用妈妈的脱毛膏。对于青春期男孩而言，采取这些措施并不理性，要理智地对待自己长毛的现状，男孩就要弄清楚自己为何会长毛。关于长毛这件事情，男孩应该了解以下的常识。

第一点，细心的男孩会发现，他们的阴部是最先开始长毛的。随着时间的推移，他们从青春期初期进入青春期中晚期，阴部的毛发将会变得更加粗，颜色也会越来越深，形状也会发生相应的改变。通常，男孩从12岁左右进入青春期，一直到20岁前后长大成人，在此期间毛发会变得越来越粗和浓密。

第二点，在阴部开始长毛大概一年之后，男孩的腋窝下面也会呈现出发育的变化，开始长毛。与此同时，男孩的胳膊上、腿上、胸部都会长出一些浓密的毛发，这让男孩看起来和以前很不一样。有些男孩为此而感到苦恼，因而想方设法地想要解决这些问题，其实这是成长的正常生理现象，是不需要特别应对的，只要坦然接受就好。

第三点，男孩为什么会长出体毛呢？这是因为男孩在青春期会伴随着性发育而渐渐呈现出第二性征，第二性征是男孩除了第一性特征之外呈现出的性别标志，这意味着男孩长成了真正的男子汉。其实，不仅男孩在青春期会长出浑身的毛毛，女孩在青春期也会长出浑身的毛毛，所以男孩应该为自己的成长而感到高兴，而不要为此惊慌失措。

第四点，体毛除了让男孩更具有男子汉气质之外，还能够起到多重防护作用，例如，它能够帮助男孩阻挡细菌，减缓摩擦，保护皮肤，还能对身体的关键部位起到遮挡作用。人体每天都要与外界空气接触，所以很容易受到细菌、灰尘等异物的侵袭，有了体毛的遮挡，身体会更加干净清爽。

小贴士

总而言之，男孩要用理性的目光看待第二性征的发育。如今的社会中，很多男性都变得更加注重自己的外在形象，他们不希望自己看起来是一个粗糙的男孩，而希望自己的外貌非常精致，非常美丽，其实这是男孩对于美的错误理解。男孩要想变得英俊帅气，并不完全在于长相，而在于他的男子汉气概，在于他能否像一个大人那样做好自己该做的事情，肩负起属于自己的社会责任。总而言之，青春期男孩不要因为自己全身都长出毛毛而倍感焦虑。既然我们无法阻止身体第二性征的发育，为何不能自然而然地接受它们的存在，也为自己的成长而感到欣喜呢？

长胡子了怎么办

小故事

最近这段时间，浩浩感到非常苦恼。这是为什么呢？原来，他在早晨洗漱完之后照镜子的时候，发现自己的面部发生了微妙的变化，就是在嘴巴上面和下巴上长出了一层毛茸茸的、又细又密的小绒毛。刚开始，浩浩以为这是在长汗毛呢，后来却发现这些绒毛和汗毛是完全不同的。汗毛很短，没有那么重的颜色，但是这些绒毛的颜色却由浅变深，而且越长越长，浩浩猛然意识到他长胡子了。他看着自己的脸，感到非常郁闷。这一天早晨，浩浩正盯着镜子里自己的脸生气呢，爸爸走过来关切地问："浩浩，你怎么了？"浩浩一句话也没说，噘着嘴巴，用手指了指自己下巴上的胡子，爸爸看着浩浩忍不住笑了起来。

这个时候，浩浩责怪爸爸："人家正生气呢，你还笑！你还是不是我的爸爸了？"爸爸对浩浩说："儿子，你长胡子了，这是好事情呀！说明你不再是一个懵懂无知的小屁孩了，而是变成了真正的男子汉。你看看，男人长胡子显得多么帅气啊，阳刚气十足。"浩浩不以为然地说："我可不想成为男子汉。我们班级里的男生都没有长胡子，每个人的脸上都白白净净的，要是我胡子拉碴的，那也太丢人了。"说着，浩浩拿起妈妈用来拔眉毛的眉毛夹子，想要把胡子拔下来。

爸爸一本正经地对浩浩说："浩浩，你把胡子拔下来也没有用，而且你越拔，胡子就会长得越茂密。你不如不管它，它反而长得慢一些。"浩浩可不相信爸爸的话，说："我把胡子拔掉了，它怎么会长得更多呢？"想到这里，他继续忍着疼，把几根胡子拔了下来，看着自己重新恢复清爽的脸,他高兴极了。然而,才过去几天,他发现一切正如爸爸说的,他长出了更多胡子。看到胡子密密麻麻地长出来了,浩浩可不忍心让自己再次忍受拔掉胡子的痛苦了,他决定用爸爸的刮胡刀刮胡子。但是,他想起爸爸在刮完胡子之后,下巴是铁青色的,尽管没有胡子,但是胡子根部还在脸上,因而脸上露出难看的颜色,所以他又犹豫了。浩浩非常困惑和纠结,不知道应该如何解决这个问题。突然,他想到他的好朋友们也许也面临同样的难题,因而决定到学校之后向好朋友们取取经。

让浩浩感到惊讶的是,好朋友们和他一样都有同样的苦恼。有的好朋友也用妈妈的眉毛夹子拔掉胡子,有的好朋友是用剪刀剪短胡子,还有的好朋友用剃须刀剃了胡子,但是他们都不约而同地表示,不管哪种做法都不能够阻止胡子的生长。

就在这段时间里,学校里开设了男孩与女孩的生理课程。在生理课程上,老师对同学们说:"男生进入青春期之后,一个重要的变化就是长出胡须。虽然男生都认为自己还是小男孩,不想长胡须,但是成长可是不以任何人的意志为转移的。男孩生长出胡须,意味着要告别童年,要像自己梦想的那样真正长大,所以不要总是试图拔胡子或者是刮胡子。我们应该为自己长大了而感到自豪!"在老师的开解下,男生们渐渐地接受了长胡子这个现实,再也不随随便便地拔胡子了。

分析

12岁之后,有一些男孩就开始长胡子。在12岁到14岁之间,不同的男孩在不同的时间里都会长出胡子。对于性发育速度比较快的男孩来说,他们也会更早、更快地长出胡子,这是完全符合生命规律的自然现象,无须对此感到惊慌,更不要排斥和抗拒胡子。如果男孩总是以不正确的方式试图阻碍胡子的生长,就会对自己的身体造成伤害。

在胡子没有长到一定长度之前,我们无须过多地关注胡子,不要用手拔掉胡子,也最好不要用剃须刀剃掉胡子,因为过早地剃掉胡子会让胡子生长得更快。我们应该给胡子自然生长的时间。通常情况下,男生的胡须不会突然之间如同森林一样茂密,甚至满脸都长满了胡须。刚开始的时候,男生的胡须只是稀稀拉拉的几根,随着不断成长,胡须才会长得更长、更茂密。

解决方案

要想正确对待胡须,男孩应该了解胡须的构成。一根完整的胡须是由毛干、毛根和毛球组成的。毛干就是露出皮肤之外的部分,毛根就是埋在皮肤里面的部分,在毛根的末端,还有一部分是膨大的,称为毛球。在毛球下面,还有凹陷的部分容纳毛乳头。所谓毛乳头,就是供给胡须营养的主要组织。毛球里含有丰富的神经末梢和血管。正是因为如此,男孩拔胡子才不会起到很好的效果,当拔掉一根胡须之后,毛球里很快又会长出一根胡须,这是因为男孩只是拔掉了毛干,而没有去掉毛球。只要毛球和毛乳头都完好地存在,那么即使拔掉一根胡子,还会很快地再长出一根新胡须。很多男孩都不理解胡须为什么如雨后春笋一样突然冒出来很多,并且继续保持生长,其实这就是因为毛球和毛乳头在发生作用。如果男孩把胡须拔掉,那么就会导致面部的皮肤受到损伤,也会使毛囊和皮脂腺受到损伤。有些男孩子拔掉胡须之后,细菌就会趁虚而入,进入皮肤内部,导致皮肤发炎。如果胡须生长的部位正是危险三角区,在这个区域内一旦形成产生感染,就会导致非常严重的炎症,因而男孩切勿随意地拔掉自己的胡须。

等到胡须长得越来越多、越来越长的时候,我们可以用剪刀修剪胡须,把最长的几根胡须剪掉。对于短而稀疏的胡须,则不需要过度处理。等过了一段时间，胡须就更多更密集了，可以使用电动剃须刀。有些男孩会偷偷地用爸爸的电动剃须刀，既然修剪胡须成为日常必须做的事情，那么，男孩可以让父母为自己准备一把专用的剃须刀，这样就能够更好地保持清洁卫生。

小贴士

很多男孩在刚刚开始学习刮胡子的时候，一不小心就会伤到自己。在这种情况下，一定要做好清洁消毒工作，可以用干净的棉花球按压止血，也可以涂抹一些消毒药水，还可以贴上创可贴，帮助伤口愈合。总而言之，长胡须是男孩在成长发育过程中正常的生理现象，要采取正确的方式面对，要为自己的成长感到开心，而不要因此而惊慌失措，更不要采取错误的措施伤害自己的身体。

男孩爱出汗，体味惹人烦

小故事

乐乐正在读初二，不但学习成绩好，性格也非常活泼开朗，因而在学校里是人见人爱的开心果。对于班级和学校里举行的各种项目，他也总是积极地参与。这不，学校最近正在筹划秋季运动会，每个班级的学生都要踊跃报名。在本班，乐乐是第一个报名的，他可是班级集体活动的积极分子呀！当然，乐乐可不是为了凑热闹或者出风头，他的运动细胞非常发达，班主任对于乐乐为班级夺取好名次寄予了莫大希望。

　　为了不留遗憾，不辜负班主任的希望，也让自己争夺更多的荣誉，乐乐开始了密集的训练计划。每天早晨，他不再坐公交车去学校，而是跑步上学。有的时候，他还会骑着自行车去学校。每天下午放学之后，他不再第一时间回家，而是与几个好同学一起打篮球。他们会打一个多小时的篮球，这让乐乐的体能得到了极大的提高。虽然每天早晚的运动都让乐乐感到非常疲惫，但是在痛快淋漓地流出满头大汗之后，乐乐的身体变得越来越健壮、越来越结实了，就连心情也变得轻松愉悦起来。

　　经过一段时间的密集训练之后，乐乐的体能大幅度提高，他奔跑的速度也越来越快。在运动会上，他在男子长跑比赛中赢得了冠军。然而，乐乐正沉浸在喜悦之中时，突然有了一个让自己尴尬的发现，那就是每次进行完剧烈运动之后，他的身上都会散发出一股非常难闻的臭味。这股臭味有点儿酸酸的，而且带着一种类似于某种东西发酵之后的味道。刚开始的时候，乐乐对于自己的体味并没有明显的觉察，他还以为是其他同学身上散发出来的呢！每天晚上回到家里之后，他第一时间就会先洗个热水澡。然而，随着时间的流逝，他渐渐地发现同桌总是离他远远的，这是为什么呢？尤其是在他运动完之后，他的同桌索性跑到教室最后面的一张空桌子上去坐。乐乐这才知道，这股难闻的味道是自己身上发出来的，而且给他人造成了很大的困扰。

　　乐乐感到非常委屈，因为他每天回到家里都会认认真真地洗澡换洗衣服，特别注意保持个人卫生，为何还会散发出这么难闻的体味呢？对于同学的反应，乐乐更是感到特别郁闷。有的时候，乐乐还会用妈妈买的香皂或者是带有香氛的沐浴露洗澡。每天早晨从家里出门的时候，他浑身香喷喷的，是一个干净清爽的小伙子，但是只要在学校里运动出汗，他身上的香味就变成了臭味，这使得乐乐在运动的时候心理压力很大，甚至都不敢大汗淋漓地运动了。

分析

细心的父母会发现,青春期男孩的体味是非常重的,这是因为他们在青春期很容易流汗,而且汗味非常浓重。尤其是在炎热的天气里,汗味经过发酵之后就会产生更浓重的味道,所以有的时候,男孩甚至能闻到自己身上的汗酸味。

要想了解汗味的来源,男孩就要知道人的皮肤中有两种汗腺,一种是小汗腺,另一种是大汗腺。小汗腺遍布身体各处,大汗腺只存在于腋窝、乳头四周、大腿根部等部位。小男孩的大汗腺还没有完全发育成熟,所以大汗腺处于闲置的状态,很少会分泌出大量汗液。但是在进入青春期之后,随着身体的快速发育,男孩的大汗腺快速发育成熟,这就导致男孩在出汗的时候会产生很浓重的汗臭味。有些男孩还不注意讲究个人卫生,不及时清洁身体和换洗衣服,还有可能出现狐臭。

这与青春期的男孩身体快速发育、身体代谢速度加快是密切相关的。等到年纪渐渐大了,到了青年之后,男性汗腺的分泌功能就会渐渐减弱,所以不会流那么多汗,体味也就没有那么浓重了。

解决方案

那么,男孩何时会流出大量汗液,散发出惹人厌烦的体味呢?细心的男孩要留意到,在长腋毛的时候,腋下的出汗就变得更多了。如果男孩细心地去闻,还会发现浓重的汗味。和小时候自己香喷喷的体味相比,现在的汗明显是臭汗。在进入青春期之后,男孩不仅腋窝会产生浓重的体味,生殖器也会散发出非常浓郁且强烈的味道,包括男孩的手也会出现流手汗的情况。之所以全身都有这样的变化,是因为男孩的身体内分泌出睾丸激素,睾丸激素又影响了身体上的大汗腺，使大汗腺分泌出更多汗液，所以男孩不要因此而感到尴尬，毕竟这是身体发育的正常现象。也不要为此而感到害羞或者是自卑，只要注意平时勤洗澡，勤换衣服，多吃蔬菜水果，少吃辛辣刺激的食物，这种情况就会渐渐好转的。

如今，市面上有很多抑菌沐浴露或者香皂，男孩在洗澡的时候可以使用。在穿鞋的时候，最好不要长时间都穿一双鞋子，而是每隔几天就换一次鞋子，这样可以让鞋子有时间散发味道并且变得干燥。在选购内衣的时候，最好选择纯棉吸汗的内衣内裤，这样当身体有汗液排出的时候，衣物就会吸收掉汗液，从而使异味减轻。

> **小贴士**
>
> 总而言之，男孩爱流汗，散发体味，这是成长过程中正常的生理现象和生理变化。作为男孩，固然要尽量改善自己的情况，却不要因此而陷入烦恼之中。

我怎么有白头发了

> **小故事**
>
> 从小到大，很多看到过乐乐的人，都会误以为乐乐是混血儿，这是因为乐乐的头发很黄，皮肤很白。然而，乐乐是纯正的中国人，所以他常常非常自豪地向他人解释："我爸爸妈妈都是中国人！"即便

这样，那些追问他的人还是不死心，又会问道："乐乐，是不是你的爷爷奶奶或者姥姥姥爷有外国的血统？"乐乐每次都笑着摇摇头，对于自己总是被追问这件事，乐乐已经习以为常了。

然而，就在乐乐为自己受到关注而感到高兴的时候，有一件事情却搅扰得他心神不宁。原来，自从进入了初二之后，乐乐开始长出白头发，还为数不少呢。很多同学常常在乐乐背后指指点点，乐乐也感受到他们异样的眼光。但是对于长出白头发这件事情，乐乐真的是无计可施。

乐乐知道姥爷长出白头发很早，在二十几岁的时候就有白头发了。但是妈妈和舅舅都是三十多岁才有白头发，自己怎么可能十几岁就有白头发了呢？乐乐不止一次地要求妈妈带他去医院就诊，妈妈架不住乐乐的软磨硬泡，也的确担心乐乐的身体营养不足，所以就带着乐乐去医院问诊了。妈妈特意为乐乐挂了一个专家号，专家看到乐乐之后，第一时间就问："你是来看白头发的？"乐乐点点头。他纳闷地问医生："医生，你怎么知道呢？"医生说："我每天都要接诊好几个来看白头发的青少年，你只是其中之一而已。"

妈妈问医生："医生，现在孩子怎么头发白得这么早呢？我记得我父母那代人要到四五十岁头发才会白，我们也是三十几岁才有白头发，孩子怎么十几岁就有白头发呢？是不是身体发育出现了异常？"医生笑着对妈妈说："孩子出现白头发并不一定是异常，一方面是遗传的因素，另外一方面也有可能是学习压力大，营养摄入不足导致的。只要孩子没有过多的异常反应，其实无须过分焦虑。"

对于医生的回答，乐乐显然不满意。他追问医生："那么医生，我可以把头发染一染吗？"医生笑着说："虽然你的头发白了，你觉得难看，但是没关系。只要你自己心里坦然，别人就不会过多地关注你。你正处于身体生长的关键时期，如果经常染头发，染发剂会对身

> 体造成伤害，所以最好不要染头发。可以多吃一些黑色的食物，如黑豆、黑木耳、黑芝麻等，最重要的是要摄入均衡的营养，保持情绪愉悦。如果学习的压力太大，要想办法排解压力，这样白头发的情况才会有所好转。"

分析

一直以来，人们都以为白头发是老年人的象征，实际上，不管是成年人还是青少年，由于生活和学习的压力大，都会出现长白头发的情况。在这样的状态下，不要因为头发白了就给自己过大的心理压力，自己只要摆正心态，不要太过在意他人的看法，就能坦然面对。

当青少年发现自己有白头发之后，也要考虑到遗传的因素。很多家族里都有少白头的情况，十几岁就有白头发。如果家族里有这种情况出现，那么青少年出现这种情况是正常的，无须过于惊慌。

对于处于学习关键阶段的青少年来说，学习压力大，学习时用脑过度也会导致长出白头发。在这种情况下，可以适当缓解压力，这是很好的选择，尤其是要保证充足的睡眠。曾经有研究机构经过调查发现，现代社会中，很多孩子都出现了睡眠不足的情况，所以要合理地安排学习生活，做到劳逸结合，张弛有度。

男孩的乳房也会发育吗

小故事

早晨起床之后,鹏鹏突然感觉自己的胸部有一些异样,他忍不住用手摸了摸自己的胸部,发现自己的胸部居然有些发硬。鹏鹏感到非常奇怪,他当即脱掉衣服,仔细地检查自己胸部的情况。经过一番观察之后,他发现自己乳头周围的颜色明显变暗了,而且乳头周围的面积也更大了。鹏鹏感到非常惊慌,他还以为自己患上了严重的疾病呢!

吃早饭的时候,鹏鹏吞吞吐吐地问爸爸妈妈:"爸爸妈妈,男人会得乳腺癌吗?"听到彭彭的话,妈妈忍不住笑了,差点把一口稀饭喷出来。爸爸则对鹏鹏说:"鹏鹏,男人虽然也会得乳腺癌,但是男人得乳腺癌的概率是很低的,不像女人那么高。你为什么问这个问题呢?"鹏鹏担忧地说:"这么说,男人也是有可能得乳腺癌的。"爸爸点点头。

鹏鹏哭丧着脸对爸爸说:"我想,我可能得乳腺癌了。"听了鹏鹏的话,妈妈非常担忧,赶紧让鹏鹏脱掉衣服,当即为鹏鹏仔细检查。对于鹏鹏胸部的异常,妈妈也给不出合理的解释,爸爸更是一头雾水。他们当即决定向班主任请假,带着鹏鹏去医院检查。

妈妈为鹏鹏挂了甲状腺乳腺科,医生在检查了鹏鹏的胸部之后,对妈妈说:"孩子只是胸部发育了,并没有异常,不要担心。"听了医生的话,妈妈感到很好笑,说:"但他是男孩子呀!"医生对妈妈说:"你这个妈妈可太粗心了!男孩子的胸部也是会发育的,并不是只有女孩的胸部才会发育啊。只要不用力挤压,又没有其他更明显的变化,可以暂时先观察一段时间。"

在医生的一番解释之下，妈妈和鹏鹏悬着的心终于放了下来。医生还提醒鹏鹏："既然现在你的胸部正在发育，有硬块，也有疼痛感，那么在学校里进行剧烈的体育运动时，就要注意保护好自己的胸部，不要让胸部受到撞击。"鹏鹏点了点头，说："我都没有办法说这个原因，只能自己多多小心了。"医生笑起来，说："的确有很多人不知道男孩的乳房也会发育，所以你要自己多多注意。"

分 析

男孩的乳房为什么也会发育呢？其实，很多青春期的男孩也会出现乳房增大的情况，还会出现乳房发育的现象。只是和青春期女孩乳房发育的速度相比，男孩乳房发育的速度会比较慢，有些男孩在青春期里，乳房并不会发育。调查机构经过调查发现，有40%~70%的男孩在进入青春期之后，乳房会进行不同程度的发育。这是为什么呢？从生理学的角度来说，男性的睾丸在分泌雄性激素的同时，也会分泌出一些雌性激素。在雌性激素的作用之下，乳头部位的乳腺细胞保持快速增殖的状态，渐渐地就会形成乳房硬块、肿块。有些男孩随着乳房内乳房硬块的出现，还会有疼痛感，在这个阶段内一定要保护好自己的乳房，不要用力挤压或者是撞击乳房。

很多男孩在感觉到乳房的异常之后，因为觉得自己是男孩，所以不好意思向爸爸妈妈诉说，更不好意思去医院问诊。实际上，我们应该以科学的眼光来看待乳房发育的问题，在有需要的情况下，及时地求医问诊，而不要让自己承受不必要的压力。男孩乳房发育持续的时间是比较短的，大概会经历一到两年的时间。在这段时期内，男孩不要过度刺激乳房，也不要总是触摸乳房，否则乳腺组织就很难消退。

家有女孩的父母都知道,女孩很容易受到情绪的影响。当女孩情绪紧张、压力比较大的时候,她们的例假周期就会变得不稳定,乳房也会有一定的变化。这样的影响同样存在于男孩身上。青春期男孩正处于初高中学习阶段,为了提升学习成绩,经过各项考核,他们往往会承受很大的压力。男孩一定要学会排遣自己的负面情绪,让自己保持心情愉悦。

需要注意的是,如果在一两年的时间里,男孩的乳房发育并没有停止,而且疼痛感越来越强烈,那么一定要及时去医院就诊,毕竟男性也有很低的概率会患上乳腺疾病,一定要排除疾病的可能,才能继续观察。

小贴士

进入青春期,不管是男孩还是女孩,身体都会进入快速的发展之中,都会产生很大的变化。作为男孩,固然不需要过多地了解胸部的变化,但是一旦胸部发生变化的时候,就要知道这是由于什么原因而引起的。总而言之,没有人能够阻挡成长的脚步,不管男孩是否愿意,他们都会迎来青春期的各项改变。唯有保持情绪的平和和内心的愉悦,男孩才能更好地成长起来。

■ 男孩为何不如女孩高

小故事

经过六年级一整年紧张的拼搏,俊俊终于如愿以偿地进入了重点初中。

初一新学期，同学们彼此之间都很陌生，与老师也并不熟悉，而进入初一的第一件事情就是军训。军训就要排队，按照高矮进行排序，结果俊俊发现，在班级里他是最矮的一个。俊俊虽然是男生，但是他比女生还要矮小。这到底是为什么呢？俊俊感到难堪极了。

很多女生看到俊俊这么矮小，全都窃窃私语地笑话他。有的女生说，俊俊是不是营养不良或者挑食啊；有的男生认为，俊俊一定缺乏体育锻炼，所以身材才会舒展不开；老师尽管没有因此而歧视俊俊，但是每次排队都把俊俊排在第一个，有的老师还会摸摸俊俊的头，或者拉着俊俊的手，把俊俊当成班级里最小的小孩儿，这简直让俊俊感到很生气。

回到家里，俊俊愁眉苦脸。爸爸妈妈看到俊俊的样子，还以为俊俊是因为军训太累了。这个时候，俊俊带着责怪的语气问妈妈："妈妈，你到底是怎么生的我呀？把我生得这么小，我甚至没有班级里的女生高。哪怕我能够超过一两个人，也比这样成为班级海拔最低的人好得多呀！"听到俊俊的话，妈妈当然理解俊俊的感受，毕竟俊俊是个男孩子，没有其他男孩高倒也无所谓，但是如果没有女生高，俊俊的自尊心就会受到沉重的打击。

看着俊俊沮丧的模样，妈妈耐心地对俊俊解释说："俊俊，每个人生长的速度和节奏都是不同的。有的人长得很早很快，他们也许在小学高年级的时候就超过爸爸妈妈的身高了，有的人会长得比较晚、比较慢一些，就像你爸爸。当初我认识你爸爸的时候，你爸爸已经将近二十岁了，但他也是班级里最矮的同学。后来过了一年多，他才又长高了一些，在班级里就处于中等身材了。所以你不要太过担心自己的身高，你很有可能遗传了爸爸长得比较晚的这个特点，只要耐心等待，再过几年你就会从丑小鸭变成白天鹅的。"

显而易见，妈妈的话并没有有效地安抚俊俊，俊俊继续嘀咕道："那么，这几年我岂不是要一直被同学们嘲笑了？"这个时候，爸爸对俊俊说："俊俊，一个人是否强大，并不完全在于他的身高，而是在于他的内心。当你拥有强大的内心，充分自信，你就是真正的强者。反之，即使你身高很高，身体强壮，却胆小怯懦，那么你也不是真正的男子汉。在身高方面，你其实也没有必要跟女生相比，因为女生的发育要比男生早两年，所以对于同年龄的女生和男生，女生的身高普遍比男生高。等到进入青春期中期，男生的身高就会快速增长，这个时候女生的身高增长变得比较缓慢。所以在高中的校园里，你会发现很多男生都长得比女生高。你要耐心等待自己像竹节一样蹿得越来越高，现在可不要否定自己呀！"

在爸爸妈妈的轮番安抚下，俊俊终于渐渐恢复了平静。他无奈地对爸爸妈妈说："希望一切正如你们所说的，过几年我会长得比女生高吧，要不然以后我的媳妇比我还高，那可太没面子啦！"听到俊俊的话，爸爸妈妈都忍俊不禁。

分 析

在青春期，很多男孩的身高增长速度都不如女孩快，这使得在同一个班级里，有相当一部分女生都比男生高，而男生却比较矮。直到进入青春期后期，开始读高中时，男孩生长发育的速度才会比女孩快。

还有一个有趣的现象是我们需要注意的，那就是不管是男孩还是女孩，在青春期都进入了身高快速增长的阶段。在这个阶段里，他们的脊柱增长速度明显地比四肢增长的速度慢，这使得他们身材比较矮小，但是四肢却很长，显得并不那么协调。这一点要等到青春期中期，当脊柱增长的速度加快，上下肢增长的速度减慢时，孩子的整个身体才会渐渐地变得比例协调。

解决方案

为了让自己长高，男孩除了要保持快乐的心境，不要盲目地与女孩攀比之外，还要摄入充足均衡的营养。例如，要坚持喝牛奶，吃奶酪，也可以进行一些弹跳类运动，让自己的身体得以舒展。这对于促进男孩长高是大有裨益的。尤其需要注意的是，不管学习多么辛苦，一定要抽出时间进行体育锻炼，这样才能让自己身强体壮，有更好的身体素质。

男孩很瘦弱会被"欺负"吗

小故事

子乔从小就非常瘦弱，就像一棵弱不禁风的豆芽菜，因而被人起名为"小豆芽"。在小学阶段，子乔还不懂事，所以哪怕被同学们调侃，他也不以为意。但是随着不断成长，子乔的心智越来越成熟，也越来越关注自己的各个方面，更在乎他人对自己的评价。在这种情况下，当同学们再以调侃的语气称呼子乔为"小豆芽"的时候，子乔就感到非常懊恼。有一次，因为被同学戏称为"小豆芽"，子乔还和同学吵了起来呢！

当天晚上回到家里，子乔问妈妈："妈妈，我怎样才能长高长胖一点呢？"听到子乔这么问，妈妈感到非常开心。原来，妈妈一直想鼓励子乔好好吃饭，让子乔长得更高更壮，子乔却总是因为胃口不佳而不愿意配合。现在听到子乔主动提出想长得更高更壮，妈妈认为自己应该抓住这个好机会，所以她当即滔滔不绝地说："你要想长得更高更壮，就一定要吃更多饭菜，吃更多水果，喝更多牛奶啊。你看看你，每次吃饭都像小猫一样，就吃那么几口，你的身体哪里有多余的能量让你长高长壮呢？对于不喜欢吃的食物，你哪怕不喜欢吃，也应该多吃一些。因为只有营养均衡，身体才能得到更充足的动力。"

子乔知道妈妈说得不无道理，但是他认为妈妈并没有给他解决问题的方法。到了学校里，子乔问一个很高的同学"如何才能快速地长高长壮"，那位同学对子乔说："你想长得像我这样高吗？"子乔羡慕地连连点头。那位同学又说："那就要多吃高营养的食品。我最喜欢吃汉堡了，一次能吃两三个。我还特别喜欢喝可乐。对了，我还爱吃蛋糕。这些食物都有很高的营养，能让我们的身体快速地强壮起来。"

子乔听了这位同学的话，感到既高兴又惊讶。高兴是因为他找到了长高长壮的好方法，惊讶是因为他曾经听妈妈说过，汉堡、薯条、可乐等都是垃圾食品，不能长期吃。为了找到最正确的答案，子乔上网进行了搜索，发现妈妈说的是对的。既然多吃垃圾食品不能帮助自己真正强壮起来，子乔又开始搜索有用的方法。经过搜索，他发现多吃牛肉可以让自己身强力壮，多吃奶酪可以让自己获得充足的钙，有可能促进长高。思来想去，子乔最终断定妈妈说的才是对的，所以他决定听妈妈的话，吃更多的食物，保证营养均衡。

除此之外，子乔还在咨询了体育老师之后，意识到自己必须加强体育锻炼。一开始，子乔非常懒惰，不喜欢进行体育运动，这使得他的体力很差。后来，在坚持进行慢跑等有氧运动之后，他的体质越来越强，也可以挑战那些高难度的运动项目了。虽然子乔运动的时候很疲惫，但是运动完之后吃饭却非常香，而且随着运动量的加大，他的

> 身体也变得越来越强壮了。

分析

面对男孩身体瘦弱的情况，父母往往会比较担心，他们认为，如果男孩不够高大强壮，不管是在学校中还是进入社会之后，都有可能受到他人欺负。其实，父母这样的担心是多余的，毕竟孩子并不会因为自己身材矮小就受人欺负。有的孩子虽然身材矮小，但是他们聪明机智，也善于运用各种方法来保护自己，所以他们很少会被欺负。

也有一些男孩会因为自己矮小的身形而感到特别自卑和苦恼，毕竟身体发肤受之父母，一个人是高大强壮还是矮小瘦弱，不但与后天的营养摄入密切相关，也与先天的遗传因素有很大关系。如果男孩的父母本身就是身材矮小的人，那么男孩的身高就不会有太大的突破，也许会超过父母，但是却难以长成特别高大的人。所以男孩对于自己身材的情况要能够理性地接受，而不要总是满怀抱怨。

现代社会中，很多人都迫不及待地想要减肥，是因为他们知道过于肥胖会给身体带来过大的负担，但还有少数人想要增肥，想让自己变得更加强壮。其实，如今每家每户的生活水平都比之前有了较大幅度的提高，男孩在家庭生活中总是能够摄入充足的营养，所以对于男孩来说，长成"豆芽菜"的根本原因也许在于挑食。换而言之，男孩长得矮小不但取决于先天因素，也与后天因素密切相关。如果男孩太过肥胖，也是无法在短期内快速长高的。因而要想拥有苗条匀称、挺拔健硕的身材，男孩必须考虑到方方面面的因素。

解决方案

作为男孩,不要因为自己现在比较瘦弱就忧心忡忡,毕竟男孩依然处于快速成长发育的过程中。也许只需要一两年,男孩就会变得高大起来。当然,也许男孩受到遗传因素的影响,不管再过多少年,身材都依然是比较矮小的,那么男孩就要修炼自己的内心,让自己的内心更加强大。古今中外,很多伟大的人都没有伟岸的身姿,相反,他们都是又矮又小且非常瘦弱的。但是,历史的事实告诉我们,他们依然成为了世界上举重若轻的重要人物,对整个世界和全人类的发展都作出了杰出的贡献。所以男孩们不要再为自己的身材瘦弱还是强壮而感到烦恼了,只要每天都保持心情愉悦,摄入充足的营养,男孩一定会真正强大起来。

4

私密地带，羞答答的问题这里找答案

进入青春期，男孩也进入了性发育的阶段。对于私密地带的问题，如果男孩不好意思询问父母，那么也可以看关于青春期答疑解惑的书籍，这样就能够及时地得到解答。在这一章里，我们将为男孩解答羞答答的问题，帮助男孩消除心中的疑惑，让男孩更健康快乐地成长。

男孩的私密问题

小故事

最近,小凯发现了一个让人尴尬的问题。他虽然对此感到非常困惑,但又不好意思询问爸爸妈妈,尤其是他现在已经变成大小伙子了,长得比爸爸妈妈还高呢,又怎么好意思问爸爸妈妈这样的问题呢。小凯为此而感到心神不宁,上课的时候也常常走神。老师看到小凯的成绩有所波动,因而联系了小凯妈妈,让小凯妈妈关心小凯的学习情况。妈妈这才发现小凯的异常。

当天晚上回到家里,妈妈询问小凯最近有没有遇到感到困惑的问题,小凯对此支支吾吾,说不出个所以然来。妈妈意识到孩子长大了,进入了青春期,也许会有很多问题都不好意思问自己,因而等到爸爸下班回家之后,妈妈对爸爸说:"小凯今天吞吞吐吐的,问他也说不出什么来。要不,你晚上和他好好聊聊吧,毕竟你们都是男人,很多话更好沟通。"爸爸当即表示同意。

爸爸经过一番询问才知道了小凯所面临的困惑,原来,小凯上厕所的时候无意间发现,自己的阴茎总是喜欢往左边歪斜。刚开始的时候,小凯会用手把它扶正,但是后来却发现每次扶正之后,它又向左侧歪斜过去。小凯对此感到疑惑不解,晚上睡觉的时候,小凯想要把阴茎的位置纠正过来,所以就会刻意地用手扶着阴茎,很长时间都睡不着觉。等到他困倦不已,沉沉地进入梦乡之后,他的手就会离开,阴茎就又会向左侧歪去。让小凯感到更为惊奇的是,每天早晨醒来的时候,阴茎并不会处于歪斜的状态,而是位于正中间。小凯就更纳闷了,他不知道为何这个家伙这么顽皮讨厌。但是，小凯觉得好朋友们仿佛并没有这些问题，他因而觉得自己的身体发育是不正常的，所以内心越来越恐慌。

听到小凯说出来的困惑，爸爸如释重负。原本，爸爸还以为小凯早恋了呢，现在他知道小凯只是有了生理方面的问题无从得到解答，所以爸爸对小凯说："阴茎歪斜，这是正常的现象。以后尽量不要穿紧身的牛仔裤或者紧身的内裤，要穿着宽松一点，给阴茎一个更为舒适的空间。"为了帮助小凯彻底打消心中的疑虑，爸爸还说自己也存在同样的情况，但是并没有异常的表现和不良的影响。为了帮助小凯彻底地解开这个心结，爸爸还带着小凯去了医院的男科门诊，让小凯亲自询问医生相关的问题。在听到医生的回答之后，小凯认识到自己的情况完全正常，终于如释重负。

因为发现阴茎歪斜，小凯更多地关注自己的私处，所以小凯没过多久又发现自己的睾丸也有问题。原来，小凯的睾丸是不对称的，一边大，一边小。小凯感到更害怕了，他惊慌地对爸爸说："爸爸，你看我还是有问题的，因为我的睾丸一边大，一边小。"听了小凯的话，爸爸依然像以前一样回答小凯，但是小凯还是很担心。爸爸只好再次带着小凯去了男科医院，医生对小凯说："睾丸的大小并不是绝对一致的，有一个大，还有一个小，完全是正常现象，所以不要感到紧张哦。你只要放松心态，正常地学习和生活，你的发育就会非常好。"

分析

那么，男孩的阴茎为何会偏向一边呢？这是因为男孩的阴茎是弯曲的。阴茎弯曲可以分为两种情况：一种是生理性弯曲，另一种是病理性弯曲。要想了解阴茎弯曲的具体情况，男孩就要知道阴茎的构成。阴茎是由三条海绵体组成的，当阴茎的海绵体充血的时候，阴茎就会勃起。但是，海绵体的充血程度是不同的，而且海绵体本身的大小也是不同的，再加上阴茎弯曲的方向也不是完全特定的，所以阴茎就会出现弯曲的情况。对于男孩来说，生理性的弯曲无须治疗，但如果是因为尿道裂等畸形引起的病理性弯曲，则需要进行手术，加以纠正。

睾丸是男性生殖器官的一部分，位于男孩的阴囊内，是两个略扁的椭球体。睾丸的表面非常光滑，后侧有系膜，悬垂于阴囊之内。睾丸是男性的生殖腺，能够产生精子，分泌雄性激素。一般情况下，睾丸的高低是不同的。通常，右侧睾丸略高，左侧睾丸略低。随着男孩不断成长，睾丸也会经历相应的成长变化。所以随着成长发育，睾丸的位置是不同的，大小也是不同的。

解决方案

发现阴茎偏斜或者睾丸大小不同的时候，男孩不要过于紧张慌乱，而是要了解更多的生理学知识，知道生理学的原理，这样才能正确地理解自身发育的情况，不至于引起过度恐惧和慌乱。

小贴士

性方面的很多私密性问题，男孩如果不好意思问妈妈，也可以询问同性的爸爸。当然，如果爸爸不在身边，或者是没有时间帮助自己答疑解惑，男孩也可以以探讨的态度与妈妈进行交流，毕竟妈妈对于性方面的知识了解更多。当男孩与父母坦诚相见的时候，很多难题就会迎刃而解。

我的床单怎么湿了

小故事

半夜一点，瑞瑞突然感觉浑身燥热，因而从睡梦中醒来了。他感到非常惊讶，因为此前瑞瑞睡觉非常香甜，往往是只要闭上眼睛，等到再次睁开眼睛的时候就已经天亮了。但是这一次，瑞瑞醒来之后总觉得浑身有哪里不对劲，过了半天他才意识到自己的内裤湿了。他感到很羞愧：我都这么大人了，怎么还尿床呢？明天我可怎么和妈妈交代呀！这个床垫这么厚，这么重，想翻出来晒也很困难呀！都怪我昨天晚上吃了好几块西瓜。瑞瑞一边想着一边用手摸了摸内裤，又摸了摸床单。他发现，虽然内裤湿湿的，但床单却是干燥的，而且内裤上湿漉漉的东西并没有尿骚味，而是很黏腻，还泛黄，这到底是什么奇怪的东西呢？

想到这里，瑞瑞赶紧打开台灯，脱掉内裤，仔细检查。但是他观察了半天，也没有想出明确的答案。思来想去，他觉得这很丢人，所以当即就去卫生间里把内裤洗干净，挂在卫生间的挂钩上，这才安心地去睡觉。

第二天早晨醒来的时候，妈妈去卫生间，发现卫生间里多了一条内裤。妈妈记得很清楚，瑞瑞洗澡的时候并没有洗内裤，那么这个内裤是瑞瑞半夜起来洗的吗？想到这里，妈妈感到很纳闷，便把这个情况告诉了爸爸。爸爸一拍脑门，恍然大悟地说："我知道了，他肯定发生了人生中的第一次遗精。"妈妈意识到爸爸说的是正确的，因而对爸爸说："那你可要好好教教你儿子，不然他一定会感到很慌乱。

这是你们男人之间的事儿,我就不掺和了。"

爸爸接受了妈妈交代的这个艰巨的任务,当即就与瑞瑞进行了沟通。他问瑞瑞昨天晚上有没有发生异常的事情,瑞瑞吞吞吐吐地说着,爸爸索性挑明了问瑞瑞:"你是不是发现内裤湿湿的,上面有又黏又滑的东西?"瑞瑞满脸通红地点点头,爸爸说道:"你不用觉得害羞,这可不是尿裤子。"瑞瑞说:"我也知道不是尿裤子,但是我不知道这是怎么了。"爸爸又对瑞瑞说:"这是遗精。"

听到爸爸的话,瑞瑞问道:"什么是遗精呢?"爸爸说:"遗精就是在你睡着之后,你的睾丸里产生了很多精子,精子满了,就自己流淌出来了。所以,你不要感到紧张。"

瑞瑞难以置信地张大了嘴巴,说:"难道睾丸就像一个碗一样,当里面注满了水,再注水的时候,就会流出来吗?"爸爸点点头,说:"你理解得非常对。遗精是男孩进入青春期之后正常的生理反应,也是一种很正常的生理现象,所以你没有必要偷偷摸摸的。你完全可以告诉我跟妈妈,我们会为你感到高兴的,因为这标志着你已经长大成人了。当然,爸爸也会尊重你的意见,如果你认为这是我们男人之间的事情,不应该让妈妈知道,爸爸是会为你保密的。"

得到爸爸的理解,瑞瑞明显感到放松多了,但是他还有一个困惑,那就是虽然遗精是正常的现象,但如果经常把衣服床单弄湿,那可就糟糕了。瑞瑞烦恼地对爸爸抱怨道:"这个东西很难洗,我洗了半天才洗干净。"爸爸对瑞瑞说:"你想偷偷摸摸地把它洗干净,不让爸爸妈妈知道,这当然也可以。不过,你可以先把短裤用洗衣液浸泡十分钟,然后搓洗,这样就会容易得多。虽然遗精是男性正常的生理反应和生理现象,即使主观意识上想要避免这种情况的发生,也未必能够完全避免,但是我们还是可以采取一定的措施来减少遗精次数的。"瑞瑞听到爸爸的话,非常感兴趣,当即请求爸爸详细地讲给他听。

解决方案

男孩遗精是正常的生理现象,那么如何做才能尽量减少遗精的次数,让遗精不至于影响男孩的身体和心理健康呢?男孩在生活中要做到以下几点。

第一点,对于遗精要有科学的认识,要知道正常发育的男孩只有到了特定的年龄阶段,才会出现遗精的现象。当发生遗精之后,不要因此而感到紧张或者是自卑,也不要误以为自己身患疾病,为此而感到恐惧不安。只有把遗精当成正常的现象面对,才能泰然处之。

第二点,如果男孩对于性特别感兴趣,在入睡之前会看一些与异性有关的内容,或者是想一些与性有关的事情,那么在心理的作用下,在睡眠中他们就会做一些与性有关的梦,也会导致遗精频繁发生。所以男孩要充实自己的兴趣爱好,把更多的时间和精力用于学习,也可以在睡觉之前有意识地关注其他方面的内容,这样不但能够顺利入睡,也能够减少遗精现象发生的次数。

第三点,为了进入深度睡眠,提高睡眠的质量,在入睡之前不要大量饮水,最好能在入睡前去一趟卫生间,排空膀胱,这样更有利于睡眠,也避免了睡得不深容易做梦。要准备一个厚度适宜的被子,如果盖得太厚,非常燥热,睡不深,也会出现遗精的情况。在穿着衣物的情况下,内衣应该以宽松舒适为主,而不要穿过紧的内衣裤,避免内衣与私处产生摩擦,导致遗精现象频繁发生。

小贴士

总而言之,遗精是正常的生理现象,面对遗精,无须过于紧张和焦虑。不管是在身体上还是在心理上,我们都要接纳遗精现象的发生。在日常生活中,男孩要尽量减少对自己的性刺激,这样才能身心健康地成长。

阴茎又红又痒是性病吗

> **小故事**
>
> 　　最近，体育运动被提到了更为重要的位置，所以乐乐每天在学校里除了上体育课之外，还要围着操场跑很多圈。根据天气情况的不同，跑的圈数也是不同的，因为乐乐非常爱出汗，所以大腿内侧出了很多汗。有的时候，他和同学踢足球，打篮球，很快就会大汗淋漓，就像洗澡了一样。所以一回到家里，他就会赶紧洗澡，否则身上就会感觉非常黏腻难受。
>
> 　　这几天，乐乐每天放学都和同学一起打一个多小时的篮球，浑身大汗。这天回到家里之后，他因为太过劳累，躺在床上不知不觉地睡着了。因为当天晚上布置的作业不多，所以妈妈就没有喊他。第二天早晨起床的时候，乐乐感觉阴部又红又痒，非常难受，他忍不住抓挠起来。然而，阴部的皮肤非常娇嫩，在他的抓挠之下居然破了，特别疼。乐乐赶紧起床去洗漱，看到乐乐走路龇牙咧嘴的样子，妈妈关切地问："乐乐，你怎么了？"乐乐赶紧摇摇头，对妈妈说："没事儿，没事儿。"
>
> 　　当天，乐乐感觉很难受。晚上回到家里也没有缓解，他觉得必须把这件事情告诉爸爸，所以就对爸爸说了自己的情况。听到乐乐说的情况，爸爸对乐乐说："女性因为特殊的生理结构，很容易得性病，男性的生理结构虽然不容易得性病，但是并不意味着男性不会有不适的感觉。阴茎又红又痒不是性病，而是因为你昨天流了很多汗，没有洗澡就睡觉了，导致汗液留在皮肤上，滋生了细菌，所以有可能是应激反应。我建议你坚持洗澡，保持阴部干燥，如果两天之后还是很难受，

> 爸爸会带你去医院,让医生开一些洗药或者是药膏使用,这样情况就会更快地好转。"
>
> 　　在爸爸的安抚之下,乐乐不那么害怕了。他坚持洗澡,穿着宽松舒适的棉质衣服,果然才过去了一天,他就感觉舒服多了。后来,他没有去医院就痊愈了。有了这次经历之后,乐乐再也不会不洗澡就上床睡觉了,因为那样不但浑身汗湿,非常难受,还会导致阴茎发炎,出现应激反应。从此之后,哪怕是在非常疲惫的状态下,乐乐也会坚持洗澡,保持身体的清洁干燥,才能轻轻松松地睡觉。

分　析

　　青春期男孩在有私密问题需要询问或者是解决的时候,可以直接告诉爸爸,毕竟爸爸和男孩一样都是男性,所以解答这些问题时会更加方便。当然,如果爸爸出差在外,或者没有和孩子一起生活,那么男孩也可以把这些问题告诉妈妈。妈妈是生养了男孩的人,对于男孩的一切问题,妈妈都会竭尽所能地给男孩解答,帮助男孩。妈妈即使不能帮助男孩处理问题,也会陪着男孩去寻求医生的帮助。

解决方案

　　很多青春期男孩都出现过阴茎红肿瘙痒的情况。如果情况不是很严重,不需要急于就医,而是可以保持阴部的干燥卫生。在观察一段时间之后,如果情况好转,那么就不需要寻求医生的帮助;如果情况没有好转,则要向医生寻求帮助,也采取必要的措施。那么,男孩的阴茎为何如此娇嫩呢?是因为在进入青春期之后,男孩的生殖器官快速地成长和发育,一旦受到外界刺激,小腺体就会分泌分泌物。在这种情况下，男孩必须保持卫生，保持阴部的清爽和干燥。很多男孩喜欢穿着沉闷不透气的牛仔裤，导致阴部通风不良，也不能及时散热，又因为男孩的运动量比较大，所以很快就会散发出难闻的味道。尤其是在进行剧烈运动之后，如果男孩流了很多汗，一定要及时清洁，否则汗液就会附着在皮肤上，再加上细菌滋生，阴部自然就会产生炎症，又红又痒。

每当潮湿闷热的夏季到来时，阴囊湿疹就成为非常常见的皮肤病，由于它的发病部位在性器官上，所以很多人对此不够了解，误以为一旦阴茎又红又痒，就是患上了严重的性病。要知道，阴囊湿疹与性病是完全不同的。阴囊湿疹属于较易痊愈的皮肤病，而性病则比较顽固难治。在感到阴茎又红又痒的时候，切勿用指甲抓挠，这是因为手上会有细菌，一旦抓破了，就会导致炎症变得更加严重。最好的方法是勤于清洗，保持清洁，保持通风，这样症状就会大大缓解。

有些男孩的阴囊湿疹比较严重，在抓破之后会结疤，甚至会出现糜烂的情况，这种情况下就一定要及时就诊。阴囊湿疹是非常痒的，有些男孩缺乏自制力，不能控制自己，就会使劲抓挠，导致病情愈发严重。如果一直处于放任不管的状态，还会影响孩子的学习和生活，使孩子不能专心听讲，也不能得到充足的休息。此外，也不要用家里的药物随意地涂抹阴茎、阴囊等，否则一旦药不对症，还会引起更严重的后果。

在得了阴囊湿疹之后，除了及时就医，采取措施之外，在日常生活中也要多多注意。例如，要经常换洗内裤，穿着宽松舒适的纯棉内裤，最好不要穿沉闷不透气的牛仔裤，可以穿更肥更宽松的运动裤。这样阴部就能保持较好的通风，也能够及时散热。如果有必要，还可以在阴部扑上爽身粉。很多男孩会发现，小小的婴儿在炎热的夏季里会在皮肤褶皱处涂抹爽身粉，正是为了保持褶皱处皮肤的干燥。男孩也可以采取这样的方式让皮肤保持干燥清爽，这样有助于阴囊湿疹尽快痊愈。

男孩不可不知的包皮与包茎

小故事

和往常一样，乐乐早早地来到学校里，教室里已经来了十几位同学，但是气氛却和往常截然不同。乐乐感到非常奇怪，原来，是有几名同学一直聚集在一起交头接耳，男生一堆，女生一堆。看到同学们一大早上就这样热衷于八卦，乐乐感到非常惊讶。因为自从上了初二之后，大家都很努力地学习，早晨到了学校就大声朗读，或者背诵重要的知识点。今天到底发生了什么事情，让同学们这么反常呢？乐乐一时之间不明所以，所以一头雾水地走到座位上坐好。

乐乐才把书包放好，他的好朋友彤彤就大惊小怪地走过来，趴在乐乐的耳朵上虚张声势地问乐乐："乐乐，你知道吗？程程去医院了。"乐乐问道："程程怎么了？去医院不是很正常吗？身体不舒服就要去医院，这有什么大惊小怪的呢！"

彤彤对乐乐说："你可不要这么淡定，我说一个名词，你一定也不知道是什么意思。"乐乐很诧异地说："你说吧，我看看有什么新鲜的名词。"彤彤当即又趴在乐乐耳边，小声说："包皮环切手术，你知道是什么意思吗？"乐乐还真不知道是什么意思，但是他知道包皮是什么，因而他惊讶地张大嘴巴，说："我还以为程程是因为感冒发烧去医院了，难道是要做包皮环切手术吗？"乐乐感到非常震惊，因为包皮是阴茎外面的皮肤，如果要把这块皮肤切掉，那岂不是很可怕吗？要知道，阴茎可是很脆弱的，充满了神经末梢，平日里稍微碰一下就会很疼，要是在这个"命根子"上动手术，那真是很可怕的。

乐乐和彤彤讨论了片刻，但是他们对于包皮环切手术都一无所知，可惜学校里不让用手机，不然他们现在就会上网搜索。彤彤小声地对乐乐说："我的书包里有手机，要不我们去厕所躲开摄像头搜索一下吧！"他们说干就干，当即偷偷地把手机装到口袋里，两个人结伴去了厕所。如果有人看到他们进了一个蹲坑，关上了门，一定会感到万分惊讶的。

　　他们躲在厕所里搜索了包皮环切手术的意思，这才知道原来是要把包皮切掉一段。没过几天，程程就回学校来上学了，但是他不敢快步地走路，走路的时候感觉非常奇怪。看他的表情，他承受着很大的痛苦，这让原本已经渐渐偃旗息鼓的舆论又铺天盖地而来。男生们有与程程关系好的，索性直接去问程程到底是怎样的手术。女生不好意思当面说起这个问题，就私下里咬耳朵。程程对于这个问题采取三不政策，就是别人不管问什么他都回答不知道。乐乐的好奇心却被勾起来了，他很想知道为什么程程要做包皮环切手术，包皮环切手术又到底是什么样的手术。所以，他决定晚上回家向爸爸咨询这个问题。

分析

　　什么叫包皮环切手术？怎样的孩子才需要做包皮环切手术呢？在青春期，孩子的性器官处于快速的发展之中。有些孩子会出现包茎和包皮过长的现象。所谓包茎，就是包皮的长度包住了阴茎，把阴茎前面的龟头也包住了，而且即使用手帮忙也无法让龟头露出来。所谓包皮过长，就是说包皮虽然包住了龟头，但是借助于手是可以让龟头露出来的。

　　很多年幼的男孩包皮都是比较长的，会把整个阴茎和龟头都彻底包裹住，但是在进入青春期之后，他们进入快速的生长发育期，龟头开始膨大起来，所以每当阴茎勃起的时候，正常长度的包皮就会退缩，阴茎在膨胀之后就会自然而然地展露出龟头来的，而包皮会翻到龟头后面。在这个阶段里，如果在阴茎勃起的时候，包皮仍然包裹着龟头，龟头被包皮包裹着不能露出来，这就说明不但包皮过长，还包茎。通过比较我们可以发现，包皮过长程度轻微，包茎是更加严重的。不管是包皮过长还是包茎，对于男性而言都是一种疾病，会影响男性的身体健康，使男性患上严重的疾病。

解决方案

为了让男孩的阴茎得到更好的成长和发育，应该采取手术的方式切除多余的包皮。在进行包皮环切手术时，必须选择有正规资质的医院，选择有经验的医生。如果医生切除了太多的包皮，那么包皮就会变短，限制阴茎的成长发育。如果医生没有把包皮切得恰到好处，那么还是会存在包皮过长的情况，所以在做这个手术的时候，要选择正规可靠的医院。

包皮过长和包茎对健康的危害都很大，在阴茎冠状沟的皮肤里有很多皮脂腺，这些皮脂腺会分泌出黄色的腥臭物体，也就是人们常说的包皮垢。包皮垢在包皮过长或者包茎的情况下，会留存在阴茎冠状沟里，成为细菌繁衍滋生的温床，使得阴茎和龟头发生炎症。当男孩长大之后，还会影响男孩夫妻生活的质量。有些男孩从来没有治疗包皮过长和包茎，那么甚至还会使妻子患上妇科疾病。

很多男性都会有包皮过长和包茎的情况，在不需要手术治疗的情况下，自己要注意个人卫生，经常把包皮翻开，彻底清洗龟头和阴茎。如果问题比较严重，那么就要及时地进行手术治疗，这样才能让阴茎更好地生长。

> **小贴士**
>
> 对青少年而言,不管是自身存在这样的问题,还是得知身边的同学存在这样的问题,都要正确面对。既不要因为自己患有包皮过长或者包茎就感到自卑,也不要因为同学去做包皮环切手术就以异样的眼光看待同学。对于那些同学,我们应该怀着尊重的心态,如果同学不愿意提起自己的隐私问题,也不要追问。尤其是在私下里的时候,不要和无关的第三方讨论这些问题。我们应该以己度人,考虑到当事人的尴尬心态,这样才能更好地照顾到当事人的情绪和感受。

5

居家生活有隐患，安全问题不忽视

众所周知，家是人生的港湾，是每个人的避风港。对于孩子而言，家更是他们赖以生存的天地和最安全的空间。然而，家里并不像我们所想象得那么安全，如果不能对孩子进行安全教育，让孩子远离那些危险的东西，即使是在家庭生活中，孩子也随时有可能发生危险。在家庭生活中，父母一定要注意孩子的安全问题，培养孩子的安全意识，帮助孩子养成良好的安全习惯，这样孩子才能更健康快乐地成长。

"电"是大老虎

小故事

电是什么，正在读小学二年级的皮皮可不太了解，但是他知道电很重要，因为如果停电了，他就不能看电视，也不能打开空调吹凉风，妈妈也就无法用电来做饭。有一次，家里停电了一整天，妈妈带着皮皮下了两次馆子，皮皮可开心了。但是，他虽然打发了肚子里的馋虫，却不能看电视了，又让他感到非常懊恼。思来想去，皮皮暗暗想道：以后还是不要停电吧，我宁愿不下馆子，也想看电视。

正值三伏天，天气非常炎热。这天中午，皮皮想吃冰镇西瓜，所以妈妈就从冰箱里拿出西瓜，给皮皮切西瓜。趁着妈妈离开的工夫，皮皮决定研究一下自己每天都盯着看的风扇开关里为何总是通红通红的。原来，皮皮家的电风扇是老式风扇，开关有些松动了，从风扇开关与风扇面板的通风器之中，皮皮总是能看到电线发出的红光。一直以来，皮皮都为此感到纳闷：这红光到底是什么呢？

妈妈刚刚抱着西瓜走进厨房，皮皮就走到电风扇前。他用两个手指捏住开关，轻轻地往外一拽，开关就掉了下来。果然，开关掉下来之后，下面有一个红色的洞，里面散发出红通通的光。皮皮好奇极了，不知道这光是如何来的，就伸出一个手指去触碰这光。让他万万没想到的是，在碰到这光的时候，他的手臂从指尖开始到肩膀，突然之间就像被什么东西重重地打击了一样，又酸又痛又麻。皮皮被吓住了，手猛地往回一缩。趁着妈妈没回来，他胆战心惊地捏着开关，又把开关安装了回去。

对于这件事情，皮皮从来没有告诉爸爸妈妈。后来有一天，爸爸也被开关露出的电打了一下胳膊，这才意识到电风扇年久失修，用着太危险了，所以爸爸为家里换了一台新的电风扇。这是一个塔扇，开关密封很严密，而且没有风扇叶。爸爸对妈妈说："我们早就应该换一台电风扇，家里有孩子，老式的风扇风叶容易搅到孩子的手指头。而且，那个老式风扇的开关已经松动了，也会漏电，万一电到孩子那可就糟糕了。"

听到爸爸的话，皮皮趁机问爸爸："爸爸，如果被电电到了，会有什么后果呢？"爸爸说："如果被电电到了，就有可能失去宝贵的生命。"皮皮惊讶地瞪大眼睛，问："那么，有没有可能还能继续活着呢？"爸爸说："如果运气好呢，还能继续活着。如果运气不好，就会被电吸住，手死死地握住漏电的东西，无法松开，无法挣脱，人很快就会死亡了。"听了爸爸的话，皮皮心有余悸。他暗暗想道：幸亏上次我只是用一根手指戳了一下，而没有用手掌，否则我现在就再也见不到爸爸妈妈了。

分析

随着社会的发展，电在生活中的用途越来越广泛。没有电，很多家用电器都无法运转起来，这导致人们对电越来越依赖。然而，电尽管是个好东西，却并非无所不能。如果我们不能很好地使用电，或者不能安全地使用电，那么电就会对我们造成严重的人身伤害。

很多男孩的好奇心都特别强烈，对于自己不了解的事物，他们总是想要亲自去探索。在这种情况下，父母一定要关注孩子感到好奇的事物是什么。如果发现孩子对电感到好奇，那么父母可以以各种方式告诉孩子电是什么，告诉孩子电的广泛用途和危险性，这样孩子才能够凭着对电的了解，对电敬而远之。

解决方案

现在的家庭生活中，需要用到的电器是非常多的。不管是餐厅、客厅、厨房、卫生间还是卧室里，都有很多家用电器。所以不要对孩子回避电的危险性，而是要让孩子知道电的特性。电就像是一个大老虎，平时不发威的时候看起来像温柔的猫咪，一旦发威了，会让人无法招架。

第一点，对于大一些的男孩，我们告诉他电的危害，他是可以理解的。但是对于那些比较小的男孩，如果他们连什么是伤害、什么是死亡都不知道，那么父母很难用电来警告他们。在这种情况下，就要采取一些必要的安全措施。例如，现在有安全插座的盖板可以把插座遮挡起来。有很多一两岁的孩子最喜欢做的事情就是伸着细细的食指到处抠一抠各种各样的小黑洞。电源的面板是很多孩子都感兴趣的东西，所以一定要把电源面板保护好，这也是在保护孩子。

第二点，在家庭生活中，对于那些有危险的电器，一定要避免孩子接触。例如，厨房里不是水就是电，或者是燃气。水、电、燃气都是家庭生活中的重大危险因素，所以父母应该告诉孩子不能进入厨房。孩子虽然很好奇厨房里有什么，但是厨房不是好玩的地方。只要孩子不进去厨房，就不会造成危险。当然，为了让孩子知道厨房里的危险，父母也可以亲自带孩子参观厨房，让孩子感受厨房里各种事物。这样就可以有效地打消孩子的好奇心，让孩子适度控制自己的探索欲，不再漫无目的地四处乱摸。

第三点，借助于现代化的工具，让孩子了解和认知电。例如，互联网上有很多视频或者是图片，可以让孩子直观地感受到电给人带来的伤害。虽然我们离不开电，但是我们也无法与电亲密相处。只有保持合理的距离，只有让电与我们之间有更好的交融，我们的生活才会因为电老虎的存在而威风凛凛，而不会因为电老虎的出现而受到致命的伤害。

水火无情要防范

小故事

一直以来，妈妈都不允许豆豆进入厨房。虽然豆豆已经上初一了，但是从小学到现在，他从来没有进过正在操作的厨房。这是因为妈妈在做饭的时候，厨房里的水电、燃气都在高频率地使用着，所以他进去很容易给妈妈添乱，妈妈一边做饭还要分心照看他，也会感到分身乏术。就这样，豆豆渐渐养成了不进厨房的习惯。

这个周末，爸爸妈妈都要加班，原本妈妈想点外卖给豆豆吃，但是豆豆却说想自己煮方便面。听到豆豆的话，妈妈感到难以置信："你从来也没有煮过方便面呀，为何现在要自己煮方便面呢？"豆豆对妈妈说："正因为我从来没有煮过方便面，所以我要学一学。如果我会了，那么至少我在你们不在家的时候，可以煮方便面吃。我们班级里很多同学还会炒鸡蛋，炒土豆丝呢，只有我，连方便面都不会煮，说出去简直太丢人了。"听到豆豆这么说，妈妈教会了豆豆做方便面的程序，又对豆豆千叮咛万嘱咐，这才答应豆豆煮方便面。

周末中午，豆豆完成了作业，就兴致勃勃地去煮方便面。然而，方便面还要再过几分钟才能煮熟呢，他可不想浪费这宝贵的几分钟，所以就坐到电脑前开始玩游戏。毕竟到下午两点，他就要去上课了，所以他只能争分夺秒地玩游戏。

愉快的时间总是过得飞快。豆豆玩着游戏，丝毫没有意识到时间飞逝。原本，方便面只需要煮5分钟，但是现在豆豆已经坐在电脑前15分钟了。豆豆正兴致勃勃地玩着游戏，突然闻到了一股焦糊味儿。

他猛地一拍脑袋，想起来自己正在做的事情，赶紧冲到厨房去，看到厨房里的方便面已经煮黑了，还滋滋地冒着黑烟。他赶紧关掉燃气，吓得退得远远的，生怕会爆炸。直到过了十几分钟之后，他看到锅里不再冒热气了，才慢慢地凑近了去看。这下子他更担心了，原来，妈妈的不粘锅锅底都快被烧漏了。

  这可怎么跟妈妈交代呢？最重要的是，不但烧坏了妈妈的一个锅，而且妈妈知道发生了这么危险的情况，很有可能以后又不让豆豆进厨房了。当天晚上，等到妈妈回来，豆豆和妈妈说明情况后，妈妈当即规定豆豆以后不允许再进厨房，不允许再动水电煤气，还满脸严肃地和豆豆核实："听懂了吗？"豆豆点点头，满脸不乐意。这个时候，爸爸在妈妈身边说："我倒觉得事情应该反方向处理。豆豆之所以会做出这样的糗事儿，就是因为他从来没有做过家务，没有经过教训。我们应该借此机会教会他如何使用燃气，如何学会定时，尤其是在煮方便面这么短的时间里，不应该去玩游戏。要是做米饭，需要等待 40 分钟，那么期间是可以做其他事情的，例如，炒菜、拖地、收拾房间等。"听到爸爸说得头头是道，妈妈认为很有道理，当即就把厨房里各种需要注意的事项，都和豆豆说了一遍。

分析

  人们常说因噎废食，意思就是说在被噎住一次之后，人们索性不吃饭了。不得不说，这样的行为是不可能持久的，这是因为人只有吃饭，才能获取营养，获得能量。如果不吃饭，身体机能就无法维持，生命也就无法延续，所以因噎废食是行不通的。

如果孩子正在读小学低年级，那么我们的确没有必要让孩子进厨房，进行社会实践，但是如果孩子已经读到小学高年级或者是初高中了，父母切勿因为孩子不能熟练地使用厨房里的各种炊具，就彻底剥夺孩子进厨房的权利。正如豆豆爸爸所说的，孩子做不好某件事情，就要给孩子更多的机会锻炼。如果因为孩子做不好这些事情，就彻底剥夺了孩子做这些事情的机会，那么，孩子这方面的能力就不可能得到发展和提升。

在厨房里，虽然水火无情，一不小心就会酿成大祸，但是我们要做的是更加小心地使用这些炊具，而不是在装修的时候彻底取消厨房在家中的位置。任何时候，面对任何问题，我们都要勇敢地面对，而不要一味地逃避和畏缩。

除了要小心地使用火之外，用水也要非常小心。每年冬天到了，天气寒冷，有些人家下水管道被冻住，所以在洗衣机洗衣服的时候，水就会漫出来，家中水漫金山。家里的地面上突然有很多水，人很容易摔倒，而且一旦家里进了很多水，淹没了电线，水是可以导电的，就会出现更严重的后果。

解决方案

我们要小心防范水火引起的灾害，也要在使用水火的时候做好安全防护措施。

第一点，当厨房的灶台上正在炖煮东西的时候，一定不要离开家。如果正在同时进行其他家务，担心同时做其他事情的时候忘记了灶台上正在炖煮的东西，那么，可以用定时器或者手机定一个闹钟提醒自己。俗话说，好记性不如烂笔头，我们也要说，好记性不如好闹钟。

第二点，在用水的时候，不但要节俭，而且要注意避免水龙头损坏。如果说冷水给人带来的危害主要是把家里的东西泡得乱糟糟的，或者是使人摔倒，那么热水给人带来的危害是更大的。在很多家庭中，因为父母一眼看不到年幼的孩子，孩子就弄翻了热水壶，导致自己被严重烫伤的事情时有发生。这样的事情甚至会影响孩子的一生，这是父母心里永远的伤痛。在家里有孩子的情况下，父母切勿把热水瓶放到孩子可以触摸到的地方。如果父母做不好安全防护措施，孩子的安全就得不到保障，孩子就会置于危险之中。

小小男孩，远离燃气

> **小故事**
>
> 自从豆豆上次险些把锅底烧漏了之后，妈妈接受了爸爸的建议，没有禁止豆豆去厨房，而是教会豆豆使用厨房里的很多东西。对此，豆豆特别感谢爸爸和妈妈，他向爸爸和妈妈保证自己再也不会犯同样的错误。然而，事实总是不如愿，才过了两个月，豆豆就又犯了一次严重的错误，这次错误险些危及到他的生命。
>
> 这段时间以来，豆豆的厨艺有所长进，不但会煮方便面，还会做炒鸡蛋、炒饭等食物啦。豆豆尤其喜欢炖汤，因为豆豆觉得炖汤是最容易的。为了避免自己遗忘，他就定了一个闹铃，提醒自己。但是人总是会有各种各样的事情需要去做，无形中就会分散注意力。
>
> 这一天，豆豆收拾好排骨，准备炖汤。点上火炖汤之后，他突然接到了同学的电话，同学邀请豆豆一起去看电影。豆豆完全忘记了锅里还炖着汤这件事情，就火急火燎地出门了。到了电影院，电影看到一半的时候，他才想起来自己家里的燃气还没关呢！他赶紧打车往家赶，然而才来到家门口，户门还没打开呢，他就闻到了一股煤气的味道。

豆豆原本想第一时间进到屋子里关掉燃气,但是他突然想到妈妈说过,他们家的门锁是电子的。在燃气泄漏的情况下,电子产品是不能用的,因为有可能引爆燃气,那么同样的道理,电子门锁也有可能会引爆燃气。这么想着,豆豆赶紧到了楼下,打电话联系妈妈,妈妈又联系了物业的保安人员,并且把自家的密码告诉了保安人员。物业人员小心翼翼地防范,终于把门打开了,第一时间就开窗通风,过了半个小时豆豆才被批准回家。

经过了一下午的开窗通风,家里终于没有那么浓的燃气味了。这天晚上,妈妈回到家里,对豆豆说:"豆豆,同样的错误你已经犯第二次了,而且这次的后果比上次更加严重。这幸好是你没在家,如果是你在家的情况下,燃气泄漏这么多,那么生命就有危险了。"豆豆知道妈妈是在关心自己,羞愧地点点头,虚心地接受了妈妈的批评。

他对妈妈说:"妈妈,以后我离开家的时候会先检查厨房的,确保厨房里所有的火都关了,电都拔了,我才会离开。"听到豆豆这么说,妈妈只好说:"好吧,以后我得知你要出门,也会提醒你的。"

分 析

在厨房里,水、电、燃气都是非常危险的东西,凉水还好,热水会导致孩子烫伤。电呢,轻则会让孩子受到电的打击,重则会危及孩子的生命。燃气则更是危险,这是因为燃气与火密切相关。如果燃气一直开着,那么火就会烧干锅里的水,甚至把锅底烧漏。如果锅里的水冒了出来,把火浇灭了,那么燃气就会处于泄漏的状态。在这种情况下,如果家里有人,就会出现煤气中毒的情况。如果家里没有人,那么一旦有电火花,燃气就会发生爆炸,导致严重的火灾。总而言之,水火无情,男孩必须非常小心,才能避免这些灾祸的发生。

解决方案

通常情况下，最好不要让小男孩进入厨房，不要触碰水电燃气。对于年龄大一些的男孩，因为要培养男孩的独立自理能力，所以可以适度地让男孩使用燃气。为了避免孩子在使用燃气的时候出现烧干锅或者是燃气泄漏的情况，父母可以规定，男孩在刚开始学习使用燃气时，必须保证父母在家。如果父母不在家，那么男孩是不可以动燃气的。这样一来，父母一旦发现异常，就可以及时处理，并教会男孩更规范地使用燃气。

小贴士

既然水火无情，我们就要想方设法地避免那些危险的问题，做到未雨绸缪。小小男孩，要想健康快乐地成长，就要远离危险，男孩要学会使用燃气，才能够更好地照顾自己。

■ 小心使用家用电器

小故事

佳佳家里有一个烧水用的电水壶，已经用了好几年了，质量非常好。每天家里都要烧几壶水，都是用这个电水壶烧的。这个电水壶在水烧开之后会自动断电，所以每次烧水的时候，爸爸妈妈都会放心地按下电源键，然后就离开了。有一个周末，爸爸妈妈都去上班了，佳佳独自在家。傍晚时分，佳佳想到要给爸爸妈妈烧好热水晚上回来喝，所以佳佳吃完晚饭之后，在水壶里装满水，按了烧水键，然后就出去和同学一起打球了。

佳佳才和同学打了半个小时的球，就听到手机响了。他接通电话，电话里传来妈妈焦急的声音，说："佳佳，佳佳，快回家！家里着火了！"听到妈妈的话，佳佳感到难以置信，说："不可能呀，我都没在家里，没有用什么电器。"妈妈说："先别想啦，消防队员进不了屋，你赶紧回去把钥匙送给他们。"在妈妈的提醒下，佳佳一个劲地往家冲。冲到楼下，果然消防人员正在等着呢。他们家厨房的窗户冒出了浓烟，佳佳火速把钥匙送给消防队员，消防队员打开房门进去，快速地灭了火。

后来，消防队员经过调查发现，厨房里的起火点正是电水壶。佳佳回想了事情的经过，说："每次我们烧水都是按下电源键就离开，不会在旁边看着。这次，我想我要出去打球，可以提前烧好水，等爸爸妈妈回家喝。我万万没有想到这个电水壶会出问题呀。"消防队员对佳佳说："小朋友，每个东西都是有使用寿命的。我们不知道它会在什么时候出问题，就像我们人体也是一样的，人体的各个器官也会出不一样的问题。所以，人们每年都会进行体检。那么，电器我们不能进行体检，但是烧壶水也就几分钟的时间，所以可以在一旁看到热水壶断电之后，再离开家，这样不是更安全吗？"听到消防员的话，佳佳懊悔地点点头，满脸羞愧。爸爸妈妈并没有因此而责怪佳佳，反而为佳佳不在家避开了这场灾祸而感到庆幸。爸爸心有余悸地说："要是佳佳在房子里，那么后果可就更严重了。"

分析

消防队员说的话很有道理，任何东西都有使用年限，随着频繁使用，会出现各种问题。在这种情况下，我们不要盲目信任家用电器的质量，在家里没有人的情况下，最好不要让家用电器保持运转的状态。换而言之，如果人在家里，那么看到家用电器出了问题，还可以及时断电。但是人不在家里，家用电器即使出了问题，也没有人知道，后果就会很严重。

解决方案

水、火、电和燃气都是非常危险的，为了让家庭生活更加安全，我们一定要小心地使用这些东西。虽然这些东西给我们的生活带来了很多便利，但是一旦使用不当，也会给我们生活招惹很多麻烦。具体来说，小心使用家用电器，要做到以下几点。

首先，人不在家的时候，不要让家用电器保持运转的状态。例如，在这个事例中，佳佳如果着急出门，可以先把电水壶的电切断，等到回家之后再通电继续烧水也是可行的。

其次，对于那些自动断电的家用电器，不要过于相信。一旦家用电器在某一个时刻失灵，就有可能会导致火灾的发生。很多人都喜欢在头一天晚上睡觉前给电饭煲设定定时启动，这也是一个比较危险的举动。如果家用电器正在运转，那么睡觉的时候就应该保持警醒，一旦发现有异常，就要马上采取措施。

再次，对于那些有规定使用年限的家用电器，要及时淘汰更新。一个电水壶的价格并不高，只需几十元钱，或者几百元钱。但是一旦超过使用寿命，它带给人的损失却是非常大的，就像事例中的佳佳使用电水壶引起了火灾，导致家里承受了巨大的经济损失。如果能够及时更新电水壶，这样的灾祸也许就能避免。

最后，要考虑到家庭电路的容载量。如果家庭电路的容载量不够，却开了很多大功率的电器，那么家里就会经常跳闸，缩短电器的使用寿命。对于一些长期不用的电器，应该拔掉电源，这样才不会耗电。

不要攀爬柜子

小故事

朱朱是一个六岁的小男孩，平时还是非常懂事的。即便如此，每当朱朱靠近厨房或电器的时候，妈妈还是非常注意他，生怕他一不小心触碰到水、电、燃气等受到伤害。妈妈虽然严格禁止朱朱进入厨房，但是对于朱朱在家里四处玩耍还是非常放心的。这不，趁着周末，妈妈开始看一本很久之前就想看的小说，朱朱呢，则自己在卧室里玩。

秋天的阳光温暖地照在身上，妈妈坐在阳台上捧着心爱的小说，喝着美味的咖啡，感到非常惬意。正在她沉浸在书中情节的时候，突然听到卧室里传来哐当一声巨响。妈妈吓得当即跳起来就往卧室里跑去。她看到眼前的一幕，简直惊呆了。原来，卧室的五斗柜倒在朱朱的身上，朱朱被五斗柜死死地压在下面，脸色惨白。妈妈当时第一反应是担心朱朱的肋骨折断，但是她突然又想到，如果肋骨折断，戳到内脏，引起大出血，那么朱朱就性命堪忧。她吓得甚至不敢当即扶起那个五斗柜，但是又不能让朱朱一直被压在下面，所以妈妈先是拨打了120，等到120到来之后，才和医护人员一起把五斗柜移动到旁边。

十几分钟之后，朱朱就被拉去了医院，幸好妈妈紧急拨打了120

的电话。朱朱的肋骨折了两根,而且折断的肋骨戳到了肺部。在医院接受了一个月的治疗之后,朱朱终于恢复了健康,活蹦乱跳地回到家里。这个时候,懊悔不已的妈妈早就把五斗柜扔掉了。

发生了这件事情之后,妈妈才开始关注这方面的信息。她惊讶地发现,很多孩子因为在这种低矮的柜子上攀爬,导致柜子侧翻,受到了严重的伤害。有一个孩子身材比较矮小,被柜子的边缘砸到了脖子,当即身亡。妈妈后怕不已,她一边责怪自己没有足够的安全意识,一边赶紧检查家里其他的家具是否足够稳当。

解决方案

很多孩子在家里都喜欢攀爬家具,这是因为对于他们而言,家具就像是一个大型的积木。尤其是男孩子,他们精力旺盛,最喜欢玩这种具有探索性的游戏。他们或者钻到衣柜里藏起来,或者踩着五斗柜的抽屉当作台阶,乐此不疲地往上爬。一旦柜子发生侧翻,就会对孩子造成致命的伤害。为了避免孩子被家具伤害到,父母应该做到以下几点。

第一点,父母在选购家具的时候,要充分考虑到安全因素,对于那些高度比较高的、重心不稳的家具,一定要进行加固。如今,很多家具都可以固定在墙上,从而避免发生侧翻。即便如此,父母依然要告诉孩子不能攀爬家具。这样才能双管齐下,保障孩子的安全。

第二点,在家具里摆放东西的时候,应该在最底下一层摆放重物,让上层的重量轻一些。如果家具处于头重脚轻的状态,就更容易发生侧翻。所以在家具中置物的时候,我们就应该考虑到这个安全因素。

第三点,提升孩子的安全意识。孩子是非常贪玩的,好奇心也很强,他们不会充分地意识到各种家具会给他们带来的伤害,而只会凭着兴趣去做想做的事情。在这种情况下，危险随时都有可能发生。

　　第四点，对于活蹦乱跳的孩子而言，父母一定要做到更好地监管。有些父母对孩子非常放纵，允许孩子上蹿下跳，只要高兴就好，却忽略了孩子一旦高兴过了头，就会做出一些危险的事情。对于未成年的孩子，当孩子在父母监管范围内的时候，父母最好始终让孩子位于自己的视线范围内，这样才能在意识到危险发生的时候，及时对孩子提出警告。

小贴士

　　每个生命健康茁壮的成长都离不开父母与孩子共同的努力，虽然教养孩子是一件非常辛苦的事情，但是父母要有足够的耐心。如果父母没有耐心对待孩子，那么孩子就会越来越放肆。此外，父母还要有足够的爱对待孩子。否则，父母对孩子冷漠且无视，孩子就会置身于危险之中，这显然是父母不愿意看到的。

乘坐私家车的安全事项

小故事

　　每次坐爸爸的车出行，子乔最大的心愿就是能够坐在副驾驶的位置上。一开始，爸爸妈妈没有安全意识，每当子乔提出想要坐在副驾的位置上时，爸爸妈妈总是满足他的要求。在子乔小的时候，妈妈会坐在副驾的位置上抱着子乔，等到子乔渐渐长大，妈妈抱不住子乔了，就会让子乔系好安全带，独自坐在副驾上。这个习惯一直延续着，直到发生了一件可怕的事情。

　　一个周末，爸爸开车带着子乔和妈妈去公园里玩儿，子乔和以往一样坐在副驾驶的座位上，系着安全带。爸爸和子乔说着有趣的事情，眼睛盯着前面，正在这时，突然有一辆车冲了出来，爸爸猛地一脚急刹车，子乔发出了一声尖锐的叫声。等到车停好之后，解除了危险，爸爸马上观察子乔的情况，这才发现子乔的脖子被安全带勒得红肿了。原来，子乔的身高不够，驾驶座位上的安全带是根据成人的身高设置的。对于成人而言，安全带的位置在胸部。但是，安全带在子乔身上的时候，却处在脖子的位置。平日里没有危急情况发生的时候，爸爸不会紧急刹车，所以安全带没有对子乔造成伤害。但是在今天紧急刹车的情况下，安全带勒住了子乔的脖子，险些导致子乔窒息，颈椎也有骨折的危险。

　　幸好当时爸爸的车速不是很快，所以子乔的脖子只是有红肿而已。如果爸爸当时是在高速上开车，这样猛地一脚刹车，子乔很有可能因此而窒息。想到这样可怕的后果，爸爸当即决定在子乔长大之前，再也不让子乔坐在副驾驶的座位上了。

分　析

　　很多父母都没有安全意识，因而允许孩子坐在副驾驶的位置上，或者抱着年幼的孩子坐在副驾驶的位置上。殊不知，这相当于把孩子当成了人体气垫，一旦遇到危险的情况，孩子首先就会承受最大的压力。虽然危险发生的概率很低，但是一旦发生就会造成致命的伤害，因而父母绝对不能拿着孩子的生命安全去冒险，在乘坐私家车的时候，一定要注意以下安全事项。

解决方案

第一点，对于年幼的孩子，要为他们购买安全座椅。很多父母以为孩子只要不坐在副驾驶的位置上，而是坐在后排由父母怀抱着，在遇到紧急情况的时候有父母用胳膊挡着，孩子就是安全的。这样的想法大错特错，他们不知道车子在高速行驶的状态下，猛然刹车会有多大的冲击力。即使妈妈负责抱着孩子，而且有意识地用胳膊使劲地揽住孩子，在紧急刹车的情况下，孩子也会从妈妈的怀里飞出去。所以，给年幼的孩子准备安全座椅是非常有必要的。

第二点，还有的孩子喜欢坐在后排座位的中间位置，也就是在前排驾驶座和副驾驶座之间的空隙中。这样会有更开阔的视野，既然父母不允许他们坐在副驾驶的座位上，那么他们坐在这个位置就能够看到前面的情况。其实，这也是非常危险的。因为一旦紧急刹车，孩子很有可能摔到座位前排。可想而知，孩子是骨肉的身体，不管是挡风玻璃还是前面的路面都是非常坚硬的，拿鸡蛋碰石头，又会有怎样的后果？相信父母们都能想象得到。

第三点，在乘坐私家车的时候，作为驾驶员的爸爸或者妈妈一定要专心致志，不要一边开车一边聊天，更不要说起那些容易引起情绪波动的事情。有些人开车的时候喜欢说开心的事，有的人开车的时候说着说着就与伴侣争吵起来，这都会导致情绪波动，使得驾驶员分心，一旦遇到紧急情况就无法及时作出反应。

第四点，在孩子在乘坐私家车的时候，或者是乘坐其他交通工具的时候，不能吃东西。很多孩子都有在车上吃东西的习惯，这是因为坐在车上无所事事，吃着零食感觉非常惬意。实际上，驾驶汽车在道路上随时都有可能发生突发或者意外情况，一旦发生这种情况，驾驶员就会采取制动措施。那么，如果孩子正在吃东西，或者喝水，就有可能被呛到或者卡住，如果孩子嘴里含着尖锐的吸管等东西，还有可能因为惯性而受到严重的创伤，这都是非常糟糕的结果。

> **小贴士**
>
> 总而言之，乘坐私家车也要注意各个方面的安全事项，这样才能保证孩子的安全，尤其是对于那些行驶在高速公路上的私家车主而言，更是要对孩子做好足够的安全措施。

6

发生意外，男孩镇定从容才能保命

生活中总是隐藏着各种各样的意外，在意外发生的时候，如果男孩不能做到从容理性地应对，而是内心惊慌，恐惧不安，那么就不能采取有效措施避免严重的后果发生，或者在意外导致严重的后果时不能有效补救。对于男孩而言，镇定是从容应对意外的不二法宝。尤其是在突如其来的灾害面前，只有遵从内心的指引，才能保护自己的生命安全。

地震来临怎么办

小故事

浩浩正在读小学六年级，在班级里，他是身高最高的学生，长得也非常强壮，因而才刚刚开学，班主任就举荐浩浩当班长。同学们当然对此表示赞同，因为浩浩此前就是他们的班长，他们认为浩浩非常称职且优秀。

浩浩不但学习成绩好，而且非常懂事听话，是老师的左膀右臂。在班级里，每当老师号召大家做一些事情的时候，他总是能起到带头作用；每当老师需要维持纪律的时候，他也常常以身作则。对于浩浩而言，他认为这一切都是他应该做的。直到有一天，同学们才认识到，浩浩不但听话懂事，还非常伟大呢。

这天下午正在上课，同学们都昏昏欲睡，非常困倦。突然之间，教室猛烈地摇晃起来，同学们一时之间不知道发生了什么，浩浩大喊一声："地震了！"同学们当即按照平时演习地震逃生方法，快速有序地走出教室。当时，有个同学因为太过着急，居然把前面的同学推搡倒了。这个时候，浩浩赶紧冲过去，把那位同学拉到身边，让出逃生通道。眼看着教室的门框已经变形了，很多东西开始掉落，他和那位同学赶紧沿着逃生通道往室外跑。在逃生的过程中，浩浩还不忘提醒同学注意脚下，要沉着冷静，用双手护住头部。虽然眼前不停地有东西落下，但是他们都及时地躲避开了，并没有受到严重的伤害。就这样，他们转移到了室外，达到了空旷场地，离开了最危险的建筑物，他们当即迅速跑到操场上，找到班级所在的位置，开始狂奔。老师和

> 同学们都在担心他们的安危,对着教学楼的方向望眼欲穿,看到他们出现在大家的视线中,老师高兴地流出了泪水。

分析

很多天灾人祸都是难以预料的,尤其是天灾。虽然现在科学技术已经得到了发展,能够预报很多灾害,但是并不能精确地做到避开这些灾害,例如,地震就是对人类非常不友好的自然灾害。地震最明显的表现就是大地的震动,地面的浅度或者深度开裂。可想而知,人类是依托大地而生存的,人类的一切生活生产等居所也都是建设在地面之上的,由此可见大地开裂所造成的后果是非常严重的。

对于地震来临时的异常情况,我们一定不要感到畏缩和胆怯,而是要和浩浩一样保持镇定冷静,最好能够及时向身边的人发出预警,告诉他们地震来了。如今,很多学校里都会进行地震演练,那么孩子们在日常的生活学习中对于发生地震之后应该如何做,其实已经心中有数了。最重要的是要组织他们有序地离开危险的场所,也要避免因为拥挤导致踩踏,使得人员出现伤亡的情况。

在这个事例中,浩浩为了救同学而耽误了离开教室,但是他并没有因此而恐惧或者是惊慌失措,反而在看到自己和同学身陷险境的时候,当机立断拉着同学一起沿逃生通道向外逃离,避免走散落单。这是一种非常好的做法。

如果孩子们的教室或者家庭的居所是在低楼层,向外转移尚且可能;如果孩子们的教室或者家庭的居所是在高楼层,那么切勿因为惊慌失措而做出跳楼等冲动的举动,因为这样一来,也许地震本身并不会造成伤亡,但是不假思索做出的冲动之举却会导致生命受到威胁。

解决方案

那么,在地震到来的时候,男孩应该怎么做呢?

首先,男孩要预估自己能否在建筑物倒塌之前离开建筑物。地震的震级和烈度是不同的,某一地地震的烈度越大,地震在该地所造成的破坏也越大。虽然地震所持续的时间往往是短暂的,但是在这短暂的时间里,地面上的人和建筑都会因此陷入极度危险的情况。曾经有一场地震只持续了23秒钟时间,但是却有24万人因此失去了宝贵的生命,所以切勿小瞧地震的威力。如果预估到自己可以离开建筑物,又担心自己被掉落的东西砸中,那么可以向事例中的浩浩学习,护住头部,小心前行。

其次,在生命面前,身外之物都不重要,不要为了回头抢救这些东西而使自己再次置身于危险的境地。如果生命不复存在,那么一切也就毫无意义了,所以在危机发生的时候,我们的当务之急是要保护生命,是要让生命以更好的状态延续下去。

再次,要有秩序地快速离开危险的建筑物和人群。人遇到危险都会惊慌失措,尤其是在面对生命威胁的时候,他们会本能地保护自己,难以照顾到身边的每一个人。正是因为如此,在危险发生的时候,人们才会做出一些失去理性的事情。例如在人多的场合里发生了踩踏事故,就是因为人们的内心被恐慌袭击,所以他们会不由自主地做出一些过激的举动。越是在危急的时刻,我们越不能拥挤,毕竟拥挤只会导致通道彻底堵塞。与其挨挨挤挤导致谁也出不去,还不如和其他人鱼贯有序地离开,这样说不定还能够让更多的人更快地脱离险境呢。

最后,如果确定自己真的无法离开危险的境地,最好的做法就是给予自己一定的时间,让自己能够在危险到来之前找到更安全的容身之所。例如,在很多楼房之中,可以选择去主体承重墙旁边躲避,最好能够为自己找一个掩体,如果时间来得及，还可以顺手拿起一瓶水或者是一些食物。这对于维持生命都是极其有效的。通常情况下，卫生间的墙体都是承重墙，那么我们可以在灾难发生又无法紧急逃离的情况，头顶桌子移动到卫生间，在卫生间等房间内侧的阴角处躲避，这样就能够最大限度地保证自己的人身安全。如果卫生间里的水管并没有被摧毁，那么还可以通过饮用水管里的水来维持生命。

小贴士

任何时候，男孩都应该保持清醒理智，只有保持清醒和理性，才能想出更有效的方法解决问题。否则，如果陷入恐惧和慌乱之中，那么也许会把情况变得更糟糕。不管是发生人祸还是发生天灾，清醒的头脑都是解决问题的关键所在。在日常生活中，男孩还可以经常和身边的人进行地震演习，这样当地震真正发生的时候，就不会手忙脚乱了。

发生火灾怎么办

小故事

这天上午，皮皮正和往常一样坐在教室里上课呢，这节课恰恰是他最喜欢的美术课，皮皮最喜欢画画了，也喜欢做手工。这节美术课上，老师要教他们用彩泥做很多活灵活现的小动物，所以皮皮兴致盎然，始终保持着专注。

皮皮的手很巧，在老师的指导之下，他做出来的小狗小猫惟妙惟肖。正当皮皮拿着小狗小猫要展示给老师看的时候，突然之间，他听到学校的警铃响了起来。同学们议论纷纷，皮皮突然间想到：这一定是发生火灾了。皮皮正这么想着，老师对同学们说："同学们，按照火灾的演习，我们马上撤离教室。"

老师话音未落，同学们当即都开始往外跑去。这个时候，老师赶紧提醒同学们："撤离火灾现场要有秩序，千万不要被浓烟熏到呀！"在老师的提醒之下，皮皮想到应该拿湿毛巾捂住口鼻，但是既然身边没有湿毛巾，那么就脱掉一件外套，用水杯里的水将其打湿吧，这样也可以阻拦浓烟颗粒被吸入肺部。这么想着，皮皮当即脱掉外套，把外套的一只袖子用水杯里的水浸湿，然后堵住口鼻。和一些同学站立着争先恐后地往外跑不同，皮皮则是弓着身体，让自己的上身、头脸都与地面保持平行，并且曲着膝盖，这样他整个人的重心就更矮了。看到皮皮贴着墙根跟着队伍有序快速地往前移动，老师在心中默默赞许。

皮皮很快就离开了教室，沿着走廊跑到操场上。很快，警报就解除了。原来，这是学校进行的一次不定期演习，也就是说不事先告诉师生们要进行演习这件事情，从而考察师生们应对紧急突发情况的能力。后来，老师还把撤退的视频放出来给同学们看。刚看皮皮贴着墙根猫着腰往前走的时候，同学们都哈哈大笑起来，老师却一本正经地说："同学们，不要笑，皮皮的撤离方法才是正确的，弯腰能够避免吸入浓烟。其实在火灾之中，很多人之所以被夺去了生命，不是因为他们跑得不够快，也不是因为他们不知道如何自救，而是因为他们没有掌握正确的逃离方式。通常情况下，烟雾都是往上走的，如果我们直立起身体，就会吸入更多的烟雾，灼伤自己的呼吸道和肺部，出现生命危险。我们只有弓着身体，尽量匍匐身体往前走，才能保护自己的呼吸道，也避免被浓雾呛到。这样一来，我们也就能争取到时间，尽快安全撤离。

说着，老师又得指着屏幕上的皮皮，对大家说："虽然皮皮的姿势看起来很好笑,但这是正确的姿势。在我们班里,皮皮做得是最棒的,大家都要向皮皮学习。"老师话音刚落,同学们就给予了皮皮热烈的掌声。

分析

俗话说,水火无情。每当发生火灾的时候,火苗肆虐,火舌无情,孩子们因为惊慌失措,很容易就会受到严重伤害。在这种情况下,我们固然无法预料火灾的发生,也不能避免火灾的发生,但是却可以采取正确的方式面对火灾,从而有效地保护自己。

在这个事例中,皮皮牢牢记住了老师讲述的方法,他弯腰低头,用湿布堵住口鼻,迅速地贴着墙根往前走,这样既可以避免被大火焚烧掉落的东西砸中,又可以避免吸入过多的浓烟,呛伤自己的呼吸道。

解决方案

每当火灾发生的时候,感受到现场危险的气氛,男孩们往往会感到非常惊恐,其实惊恐并不能如同及时雨浇灭这场大火。有的时候,因为惊恐,男孩还会失去理性思考的能力,作出一些错误的应对。只有保持清醒和理性,在发生火灾的时候才能及时地采取有效的措施,也避免火灾给我们的生命带来巨大的危险。

如果我们置身于火场之外,看到邻居家或者是离我们很近的地方发生了火灾,那么我们应该第一时间拨打火警电话119。通常情况下,消防队员能够在第一时间赶来,我们也应该信任消防队员。在等待消防队员到来的过程中,我们要找到安全的存身之地，而不要不顾生命危险地冲入火场中救火。毕竟救火是专业人员应该做的事情，而不是我们凭冲动就能做好的。

如果置身于火场之中，更要注意保护好自己。假如身边有棉被，可以用水把棉被打湿披在身上，依然采取俯身低头的方式快速通过。如果身边没有棉被，那么我们也可以拿起一些东西来阻挡大火伤害自己。大火虽然能被水浇灭，但是使用二氧化碳灭火器是更加有效的。需要注意的是，我们采取任何措施，都比不采取措施更好，当然前提是要保证安全。

尤其重要的是，发生火灾千万不要逞强。有些人看到其他地方发生火灾，会当机立断地去帮忙救助，殊不知这样会使自己陷入险境。也有些人在看到某处发生火灾之后非常悠闲，因为他认为别人的大火与他无关。在这个地球上，自然界中的所有生物都是息息相关的，在社会生活中，所有的人的生活都是有关联的，人与人之间更是有着千丝万缕的联系。既然如此，面对无情的水火，我们要在确保自身安全的情况下，尽快报警，向专业人员求助。

小贴士

火是非常危险的东西，孩子在没有具备相应的能力之前，最好不要接触火。即使有机会接触火，也要想方设法地保障人身安全。男孩要知道，乐于助人固然重要，却不要盲目地救助他人，最终非但没有救了他人，反而还搭进去自己，这就得不偿失了。虽然我们都要学习雷锋乐于助人，但是救人却是我们应该量力而行的事情。

■ 爬山摔伤怎么办

小故事

　　这个周末，小凯和同学约好一起去爬山，妈妈还为小凯准备了寿司便当。小凯非常开心，背起背包就出发了。然而，才到中午时分，妈妈就接到了小凯同学打来的电话，电话里还传来小凯痛苦的呻吟声。妈妈的神经马上绷紧了，脑海中瞬间想象出小凯受伤的各种情形。在妈妈的询问下，同学讲述了小凯受伤的经过。原来，小凯在爬山的时候因为没有拐杖，所以一不小心把脚崴伤了，又滚到了旁边的山坡上，身体也有一些擦伤。听到小凯受伤如此严重，妈妈当即就给爸爸打电话，和爸爸一起火速赶往小凯受伤的地方。与此同时，妈妈还让小凯的同学打了急救电话。并且告诉小凯的同学随车一起前往医院，这样他们就可以直接奔到医院去了。

　　在妈妈的电话指示之下，小凯的同学很好地处理了小凯受伤这件事情，他先是打了120急救电话。看到120急救车到来的时候，小凯的爸爸妈妈还没到，他就跟着急救车一起去了医院，并且随时用微信把信息发给小凯的父母。这样一来，小凯的爸爸妈妈就直奔医院，等他们到医院的时候，小凯已经接受了医生简单的处理。接下来，他们带着小凯进行了进一步的检查。

　　忙碌了一个下午，妈妈还不知道小凯是怎么受伤的呢。等到确定小凯只是有轻微的骨裂，休养一段时间就可以恢复健康之后，妈妈才终于放下心来，问小凯："小凯，你是怎么受伤的？"小凯对妈妈说："有一块石头又圆又滑，我本来想顺着那块儿石头爬上去，结果一下子滑了一跤，不但把脚崴了，还滚了下去。"妈妈对小凯说："这次你们爬山的经历说明了你们应对突发情况的能力还有欠缺，例如，你的同学第一时间给我打电话。妈妈既不是专业的救护人员，又没有在你身边，在这种情况下应该第一时间打120或者是110寻求援助。这样等到妈妈到的时候，你就已经得到了救助。"小凯连连点头，认为妈妈说得很有道理。

随后，妈妈又给小凯讲述了一些爬山摔伤的突发情况应该如何处理。例如，如果摔到了骨头，明确感受到骨擦感，确定骨折，那么一定不要随意挪动身体，以免造成二次伤害。应该从附近找一些能够固定腿部的东西，如木板或者是长长的棍棒等，对腿部进行简单的包扎和固定。如果交通很便利，可以留在原处，等待120救护车的到来。如果摔伤了，出现流血等情况，那么不要惊慌，在爬山之前我们就应该随身携带一些消毒用品，如碘酒、酒精等，这样就可以及时对受伤的部位进行消毒。万一在摔倒的过程中不慎有异物刺入身体，千万不要盲目地拔掉这个异物，否则有可能会引起大出血。听到妈妈说得头头是道，小凯感到非常惊讶，说："爬山还有这么多学问呢？"妈妈说："如果爬山非常顺利，平平安安，这些知识就作为储备。但是一旦发生意外的情况，这些知识在关键时刻可是能救命的。俗话说，有备无患。多懂一些急救知识，总是没坏处的。"小凯当即表示也要和妈妈一样努力学习更多的急救知识，保障自身和他人的安全。

分析

很多男孩都特别喜欢爬山，尤其是对年龄大一些的男孩来说，他们已经具备了独立行动的能力，就更喜欢和小伙伴们一起去探索未知的世界。他们对世界充满好奇，怀有强烈的求知欲，这当然是好的。但是如果因为照顾自己不慎而摔伤，那么就可能引起很严重的后果，所以在爬山的时候，男孩一定要保障自身的安全，也要知道万一爬山时摔伤应该如何应对和处理。

在上述事例中，妈妈已经说了一些爬山摔伤的情况，也提出了应急处理的方法，那么作为男孩，要想保障自身的安全，还应该做更多的准备工作。

解决方案

首先，爬山的时候要有良好的装备。例如，要穿着轻便舒服、能够保护脚部和脚腕的鞋子，最好提前准备一根结实的手杖，这样在爬山的过程中就可以借力。古人云，工欲善其事必先利其器，只有装备齐全，我们才能够保障自身安全。

其次，爬山一旦摔伤，切勿慌乱，更不要盲目地移动受伤者的身体，也不要盲目地把刺入受伤者身体里的东西取出来，否则可能会造成严重的二次伤害。一定要第一时间寻求救援，如拨打110或者120，或者打电话给其他队友，让其他队友赶来帮忙。

再次，爬山时要带足装备。所谓装备不仅仅是爬山的用具，既然爬山时会有受伤的情况发生，那么就要带一些消毒用品，以及绷带等能够固定肢体的简易用具，这样在发生意外情况的时候才能随时取用。

最后，如果不慎摔落到人迹罕至的地方，即使发出呼唤，也没有人知道。那么要寻找一个手机信号更好的地方，要节约使用手机的电池，这样一旦等到有信号的时候，就可以及时发出定位，也可以发出求救信息，从而为自己赢得获得帮助的机会。

小贴士

不管做什么事情，都有可能面对危险，爬山更是如此。对男孩而言，他们渴望到更为广阔的天地里生活，渴望展现自己各个方面的能力，那么就要做足准备，不要盲目自信，也不要因为害怕而故步自封。只有做好准备，我们才能镇定从容地向前，只有做好准备，我们才能坦然地应对危机。

■ 发生交通意外怎么办

小故事

自从上了四年级，佳佳就不愿意让爸爸妈妈接送他上下学了，而是和同路的同学结伴而行。每天放学，他们说说笑笑，还可以谈论一些新鲜有趣的事情，开心极了。这一天，佳佳到了预定的时间还没有回家，爸爸妈妈下班回家之后，看到家里空荡荡的，特别担心佳佳的安全，当即决定出去寻找佳佳。

爸爸妈妈沿着佳佳平日里经常走的上学的路，一路朝着学校走去，然而他们毫无所获。后来，爸爸想到佳佳也许会和同学绕道去文具店里玩一会儿，所以走到了通往文具店的道路上。正在爸爸感到心急如焚的时候，他接到了佳佳的电话，原来佳佳在和同学回家的路上绕到了公园里玩了一会儿，结果他们在公园门口的道路上被一辆电动车撞倒了。那个同学倒在地上，抱着膝盖，号叫不已。佳佳意识到问题的严重性，一时之间又不知道要向谁求助，所以赶紧给爸爸妈妈打电话。

这时，爸爸妈妈所在的地方距离事故发生的地方不远，他们第一时间就赶到了事故发生地点。在此之前，他们还通过电话告诉佳佳要先拨打110和120，让警察界定交通责任，让同学得到紧急救治。佳佳按照爸爸妈妈所说的话去做，果然，警察到来之后，那个撞倒他们的车主态度就不那么蛮横了。警察看到几个孩子这么无助，还帮忙联系了其他孩子的父母，让他们赶紧把没有受伤的孩子领回家。很快，120也到来了。因为受伤同学的父母还没有到达，所以有一个警察和佳佳父母一起，跟着急救车一起送孩子去了医院。经过全面的检查之后，发现孩子幸好只是韧带扭伤，并没有太严重的后果。这个孩子的父母赶到医院之后，当即对佳佳的父母和警察表示感谢。

处理好这件事情，回到家里之后，爸爸妈妈心有余悸。他们不止一次想到，如果今天受伤的是佳佳该怎么办。想到这里，妈妈对佳佳进行了安全教育，她对佳佳提出了几点要求。

分析

首先，在发生交通意外的时候，一定要第一时间拨打120，因为人的生命永远是处于第一位的。

其次，要拨打110，让警察采集双方的信息，从而各自承担责任。

再次，在发生交通意外的时候，如果是在道路中间，那么为了避免二次伤害，千万不要停留在道路中间，而是要赶快挪到道路边沿的安全地带。很多交通意外的受害者之所以受到更严重的伤害，就是二次伤害导致的。只有先置身于安全的地方，才能说其他事情。

最后，发生交通意外并拨打完120和110之后，还要拨打紧急联系人的电话。毕竟孩子们还没有成年，对于很多情况的判断和处理能力都是有限的。在这种情况下，不要一味地责怪他人，而是要积极地反思自己在这次事故中所肩负的责任。举例而言，虽然对方闯红灯，但是如果我们能够在过绿灯的时候左看看右看看，观察到有车辆就再多等一会儿，那么就可以避免交通事故的发生。所以我们不要在心中一味地埋怨和责怪他人，而是要主动地反思自己，从而让自己避免受到意外伤害。

解决方案

每个人每天都要外出活动，有可能是在家与学校之间，有可能是在家与工作单位之间，还有可能是在家与其他地方之间。孩子小时候主要的活动范围也许只是在家里，但是随着孩子越长越大，孩子的活动范围就会更大，也有可能去更远的地方，所以父母一定要对孩子进行交通安全教育。为了保障孩子的交通安全，父母要加强孩子的交通意识，保障孩子的交通安全。

第一点，父母要教育孩子遵守交通规则。很多孩子都看不懂交通信号灯，他们走在马路上横冲直撞，认为所有车辆都会让着自己，自己想怎么走就怎么走。不遵守交通规则是导致交通事故最重要的原因之一，所以父母一定要教会孩子遵守交通规则，也要教会孩子辨识交通信号灯，以及交警的手势，从而根据交通信号灯和交警的手势平安通行。

第二点，父母要培养孩子生命第一的观念。有些孩子在发生交通意外的时候，脑门一热就会和对方进行理论。殊不知，不管责任是谁的，身体的伤害是无法挽回的，所以在身体受伤的情况下，我们第一时间要保证自身安全，要对自己和他人进行及时救治。唯有坚持生命至上的观念，交通事故才能得到更好的处理。

第三点，在发生交通意外之后，不要慌乱，要学会及时求助。现在大多数孩子都有手机，如果孩子没有手机，也可以借用路人的手机拨打紧急求救电话，从而得到及时帮助。

第四点，在发生交通意外之后，不要怨天尤人。很多交通意外只是虚惊一场，有惊无险，伤害并不大。有些交通意外却有可能导致严重的伤害，甚至引起无法挽回的后果。无论如何都不要沉浸在懊悔之中无法自拔，只有勇敢面对，我们才能从交通意外的伤害中挣脱出来，迎接美好的未来。

男孩与人打架怎么办

小故事

今天放学回家，妈妈发现子乔的脸上破了好几块皮，而且衣服上沾了很多泥土。看到子乔这么狼狈的样子，妈妈赶紧问："子乔，你怎么了？"子乔的眼神对妈妈躲躲闪闪，在妈妈的追问下，他才敷衍了事地说："没事儿，我摔了一跤。"妈妈当然知道这肯定不是摔跤导致的，但是既然子乔不想说，妈妈决定尊重子乔，毕竟子乔已经读小学三年级了，正处于成长叛逆期，已经拥有自己的小秘密了。想到这里，妈妈按捺住自己继续追问的欲望。

原本，妈妈以为子乔与人打架只是偶然发生的事情，但是接下来几天，子乔时常满身挂彩地回到家里。这让妈妈再也忍不住了，妈妈问："子乔，是不是学校里有人欺负你？"子乔摇摇头，妈妈又问："那么，是你欺负别人了吗？"子乔还是摇摇头。妈妈索性把话挑明了，对子乔说："妈妈当然能看出来，你这不是摔跤摔的。就算你真的摔过跤，也不可能每天都摔跤，所以你还是对我实话实说吧。说不定我还能帮助你呢！"听到妈妈如此心平气和，子乔终于决定说出自己的心声。

原来，学校其他班级里有两个男生看子乔不顺眼，每天下午放学之后都会在半路上堵住子乔，要求子乔把零花钱给他们。有的时候，他们在学校里还会威胁子乔。听到子乔的讲述，妈妈感到非常担心。她对子乔说："这件事情很严重，要不妈妈去和老师谈一谈吧。"子乔对妈妈说："妈妈，你先不要和老师谈，最近几天我从不能打败他们，渐渐地找到了窍门。一开始，我被他们欺负，现在我已经能跟他们打个平手了。说不定过几天，我就能打败他们，他们就再也不敢招惹我了！"

听到子乔的话，妈妈还是很担忧。这个时候，爸爸回到家里，听到妈妈诉说了子乔打架的原委，赶紧安抚妈妈："小男孩哪有不打架的？只要不是情节恶劣的故意伤害，小朋友之间打打闹闹没关系，要不就先给他机会自己解决问题，如果他解决不了，咱们再介入。"在爸爸的劝说下，妈妈终于决定先不把这件事情告诉老师。但是妈妈又很担忧子乔的安全，所以她会在放学的时间里沿路保护子乔，默默地关注子乔。看到子乔非常勇敢地与那两个男孩打架，妈妈既感到担忧，又感到欣慰。她暗暗想道：毕竟我们不可能代替孩子走完所有的人生道路，孩子总要自己长大的！

分 析

很多父母一旦听到孩子与人打架，都特别担忧。其实对于男孩而言，小时候谁没和别人打过架呢？只是现在的孩子被父母保护得太好，如同生活在温室里的花朵，从来没有经历风吹雨打，所以打架也变成了一件稀罕事儿。想想父母那一代人，小时候和小朋友打架，头破血流地回到家里，只能自己弄点清水洗一洗，根本不敢和爸爸妈妈说。第二天，又和小朋友们玩在一起了。对于孩子之间的矛盾，只要不是情节恶劣，只要不是校园霸凌，父母无须急于介入，说不定孩子之间不打不相识，还能因此而结交朋友呢！

当然，这里说的是良性打架。如果孩子们之间的争斗是恶性的，例如，现在有很多学校里都有校园霸凌行为，那么就要及时地向父母求助。为了保护好自己，男孩必须做到以下几点。

解决方案

首先，区别打架斗殴的性质。如果只是小朋友之间的打打闹闹，那么无须大动干戈，孩子们只要能够自己解决，就交给孩子们解决。反之，如果涉嫌欺凌，那么就要引起重视。

其次，父母要赢得孩子信任，告诉孩子不管有什么问题，都要第一时间告知父母。有些孩子很少会把在学校里发生的事情告知父母，直到事情变得很严重，父母才从别人口中知道。这是非常糟糕的家庭教育。明智的父母知道孩子们的成长经历还很少，他们并没有经历过很多事情，所以唯有给予他们更多的引导和帮助，他们才能在面对很多问题的时候圆满处理。尤其是要告诉孩子，遇到问题的时候，不要只告诉同龄人，因为同龄人和孩子一样缺乏生活的经验，所以并不能够指导孩子解决问题。

再次，孩子既不要被他人欺负，也不要欺负他人。如果孩子习惯于欺负他人，那么孩子自身的心理也会渐渐地扭曲。孩子们在学校里要拥有好人缘，要与同学之间和谐相处，这对于他们而言也是成长的重要部分。

最后，与其他同学打架的时候，最好不要让父母介入。虽然孩子可以向父母求助，告诉父母自己所面临的困境，也可以采纳父母的意见或者建议解决问题，但是却不要轻易地让父母介入自己与同龄人之间的争斗。毕竟父母是成年人，一旦父母介入孩子与同龄人之间的争斗，就会使孩子与同龄人之间的关系处于失衡的状态，也会导致事态变得更加复杂。很多父母不善于处理孩子之间的矛盾，往往把孩子之间的矛盾与纷争变成父母之间的尖锐冲突，导致的后果是很严重的。

> **小贴士**
>
> 牙齿还会碰到舌头呢，更何况是不同家庭中长大的孩子！所以男孩与同学、朋友相处应该更加包容，要有一颗友善的心。即使他人在某些方面做得不好，也不要对他人吹毛求疵，而是要理解和体谅他人，也要宽容他人。

游玩走失怎么办

> **小故事**
>
> 大年初三，爸爸妈妈决定带皮皮去游乐场里玩。每年的大年三十和初一初二，大多数人都宅在家里或者走亲访友，到了初三，人们都没有太多的事情要做，就想出门游玩了。正因为每个人都处于这样的心态，所以游乐场里人很多。
>
> 皮皮已经有一年多没有来游乐场了，到了游乐场，他感到非常兴奋，当即就喊叫着要去坐过山车。过山车是一个非常刺激的项目，爸爸心脏不好，不敢和皮皮一起坐，而妈妈特别胆小，只是站在下面看

着都觉得心跳加快。就这样,皮皮决定自己去坐过山车。

虽然妈妈一直目不转睛地看着皮皮,但是当皮皮好不容易排队坐上过山车的时候,妈妈松懈下来,低头看了看手机。妈妈只看了几分钟手机,再抬头去看的时候,发现过山车已经结束了,大家都走下了过山车。妈妈赶紧向人群看过去,却没有看到皮皮,这个时候,妈妈突然紧张起来,和爸爸四处寻找皮皮。然而,爸爸找了一圈也没看到皮皮的身影。妈妈崩溃地哭起来,要知道大年初三的游乐场里有很多本地和外地的游客,万一有坏人带走了皮皮,那可就糟糕了。爸爸赶紧安抚妈妈:"皮皮已经上二年级了,是个大孩子了,所以不要太过担心,说不定他一会儿就会联系我们的。"妈妈哭着说:"他怎么联系我们呀?他没有带手机。"

为了避免与皮皮走散,爸爸安排妈妈留在原地等待皮皮,爸爸则四处寻找皮皮。正当妈妈等得心急如焚时,广播里突然传来皮皮的声音:"妈妈,爸爸,我是皮皮,你们在哪里呀?我正在广播台呢,你们快来找我。"听到皮皮的声音,妈妈喜极而泣。这时,爸爸的电话也打来了,和妈妈约定一起去广播台集合。几分钟之内,爸爸妈妈就连走带跑地到了广播台。看到正坐在广播室里悠哉地吃着棒棒糖的皮皮,妈妈当即冲上去抱住皮皮说:"你这个臭孩子,你快把我吓死了!"爸爸则对皮皮竖起大拇指,说:"皮皮,你这次的表现很棒呀!"

分析

每当有盛大集会的时候,很多父母都会带着孩子一起出去游玩。然而,看管孩子最大的难点在于,孩子是一个渴望自由、追求自由、希望独自行动的人。孩子能够独立地移动,也能够做自己想做的事情,这使父母必须目不转睛地盯着孩子，否则稍微一错眼珠子，孩子就会从父母的眼前消失。俗话说，初生牛犊不怕虎，孩子一心一意想要摆脱父母的控制，自由自在地玩耍，却没有想到万一找不到父母，就会与父母失散，这可是非常可怕的。

解决方案

父母为了避免与孩子失散这种糟糕可怕的结果，应该未雨绸缪，对孩子进行预防教育。尤其是对于年幼的孩子来说，他们的语言表达能力有限，一旦走失，想要靠着自己的力量找到父母非常困难。为了防范这种情况，孩子应该做到以下几点。

首先，要熟记自己的家庭地址和父母的联系电话。其实，孩子的能力超乎父母的想象。对于两岁的孩子而言，只要他们会说话，父母就可以耐心地教会孩子记住父母的手机号码。这样万一与父母走散，遇到好心人或者是警察时，他们也好说出父母的联系方式，及时与父母取得联系。

其次，对于大一点的孩子来说，父母要教会他们学会求助。例如，可以向身边的人借用电话，给父母打电话，或者可以去找附近的警察，当然要注意甄别警察的真伪。

再次，如果孩子身上既没有电话，也无法求助，那么就可以留在原地等待父母。很多孩子一旦找不到父母就会惊慌失措，到处寻找父母，这使父母回到原地找孩子的时候扑了个空，父母与孩子之间就这样阴差阳错地走散了。

最后，可以给孩子身上留一个紧急联系的便条。此外，也可以给孩子买一个儿童定位手表，到了危急的时刻，这个通信工具还是非常有用的。所谓未雨绸缪，防范于未然，就是这个道理。

参考文献

[1] 蔡万刚.青春期男孩,你要懂得保护自己[M].北京:中国纺织出版社有限公司,2021.

[2] 木阳.妈妈送给青春期儿子的私房书[M].2版.北京:中国纺织出版社,2016.

[3] 尚阳,杜蕾.保护自己我能行[M].武汉:长江文艺出版社,2016.